"十二五"职业教育国家规划教材
经全国职业教育教材审定委员会审定

数控加工技术基础

第2版

主　编　卢万强（学校）
　　　　饶晓创（企业）
副主编　彭美武（学校）
　　　　吴绍富（企业）
参　编　西庆坤（学校）
　　　　喻廷红（学校）
主　审　武友德（学校）
　　　　黄　亮（企业）

机械工业出版社
CHINA MACHINE PRESS

本书是"十二五"职业教育国家规划教材，是根据《教育部关于"十二五"职业教育教材建设的若干意见》及教育部新颁布的《高等职业学校专业教学标准（试行）》，同时参考数控加工岗位职业资格标准，在第1版的基础上修订而成的。本书遵循学生职业能力培养的基本规律，以真实工作任务及其工作过程为依据，从实际生产中最常见的加工内容中提取、整合、序化教学内容，设计了五个学习主情境，分别从零件圆柱表面及端面的数控车削加工、零件圆锥表面的数控车削加工、零件圆弧表面的数控车削加工、零件平面的数控铣削加工和零件轮廓面的数控铣削加工，由浅入深地介绍了数控加工的基本理论常识和操作技能。五个学习情境包含五个学习性工作任务，每个工作任务都以课堂方式与上机练习方式组合组织教学，包括零件图样分析、工艺方案的确定、走刀路线、编制程序、模拟加工仿真和零件检查与评估等，整个过程完全做到任务驱动，学生主动参与，教师辅助解惑，切实做到理论与实践有机融合，把理论学习和实践训练相互贯穿，在阐明概念的基础上突出数控加工技术的应用性。

为便于教学，本书配套有教学资源包，选择本书作为教材的教师可来电（010-88379193）索取，或登录www.cmpedu.com网站，注册、免费下载。

本书可作为高等职业院校数控技术应用专业及机电类相关专业的教材，也可作为数控技术应用相关技术人员的岗位培训教材。

图书在版编目（CIP）数据

数控加工技术基础 / 卢万强，饶晓创主编. —2版. —北京：机械工业出版社，2014.4（2019.1重印）
"十二五"职业教育国家规划教材
ISBN 978-7-111-47013-7

Ⅰ. ①数… Ⅱ. ①卢… ②饶… Ⅲ. ①数控机床—加工—高等职业教育—教材 Ⅳ. ①TG659

中国版本图书馆CIP数据核字（2014）第124278号

机械工业出版社（北京市百万庄大街22号　邮政编码100037）
策划编辑：汪光灿　　责任编辑：王莉娜
封面设计：张　静　　责任校对：刘秀芝
责任印制：常天培
涿州市京南印刷厂印刷
2019年1月第2版·第4次印刷
184mm×260mm·11印张·256千字
4501—6400册
标准书号：ISBN 978-7-111-47013-7
定价：25.00元

凡购本书，如有缺页、倒页、脱页，由本社发行部调换

电话服务　　　　　　　　　　　　网络服务
服务咨询热线：010-88379833　　　机 工 官 网：www.cmpbook.com
读者购书热线：010-88379649　　　机 工 官 博：weibo.com/cmp1952
　　　　　　　　　　　　　　　　　教育服务网：www.cmpedu.com
封面无防伪标均为盗版　　　　　金　书　网：www.golden-book.com

第2版前言

本书是按照教育部《关于开展"十二五"职业教育国家规划教材选题立项工作的通知》，经过出版社初评、申报，由教育部专家组评审确定的"十二五"职业教育国家规划教材，是根据《教育部关于"十二五"职业教育教材建设的若干意见》及教育部新颁布的《高等职业学校专业教学标准（试行）》，同时参考数控加工岗位职业资格标准，在第1版的基础上修订而成的。

本书主要介绍机械产品中常见典型表面的加工过程，并结合产品制造的真实生产流程，分析归纳相应的知识和能力结构，构建主体学习单元，按照任务驱动、项目导向，以职业能力培养为重点，将真实的生产过程和产品融入了教学全过程。本书编写过程中力求体现产教结合，注重任务驱动，强调形式创新的特色。本书编写模式新颖，不仅充分体现了基础性、科学性、发展性和创新性的特点，而且突出了以"实用、必需"为原则，培养"精操作、懂工艺、会编程"的技能人才为目标的职业教育特色。

本书在内容处理上主要有以下几点说明：①注重实践性，理论内容与实践内容之比为4∶6的关系；②教学过程建议在项目驱动的前提下，以学生讨论、实践为主，老师引导、解惑为辅；③建议有条件的学校，可以部分考虑全真实的现场操作；④建议学时安排见下表。

内 容 名 称	知识、实验、内容处理	学 时
课题1　零件圆柱表面及端面的数控车削加工	共10学时	
1.1　零件图样分析	认识零件图，明确零件图样上各项技术要求和加工难点等，学生讨论分析，老师归纳总结	1
1.2　零件车削准备	熟悉数控车床的加工原理和特点；掌握工、夹、量具等工艺常识；会编制圆柱表面及端面的基本数控车削工艺过程	3
1.3　车削方案实施	数值处理、圆柱表面及端面的走刀路线设计、圆柱表面及端面的工艺文件编制和程序编制；圆柱表面及端面的数控加工仿真	3
1.4　零件检查与评估	加工结果检查；残次品修复；改进措施；总结报告	1
实训一　圆柱表面及端面的数控车削加工仿真实训	学生亲自操作数控车床，完成圆柱表面及端面的实际加工	2
课题2　零件圆锥表面的数控车削加工	共8学时	
2.1　零件图样分析	认识零件图，明确零件图样上各项技术要求和加工难点等，学生讨论分析，老师归纳总结	1
2.2　零件车削准备	会根据零件形状选取相应的工、夹、量具等，会编制圆锥表面的基本数控车削工艺过程	2

(续)

内容名称	知识、实验、内容处理	学时
2.3 车削方案实施	数值处理、圆锥表面的走刀路线设计、圆锥表面的工艺文件编制和程序编制；圆锥表面的数控加工仿真	2
2.4 零件检查与评估	加工结果检查；残次品修复；改进措施；总结报告	1
实训二 零件圆锥表面的数控车削加工仿真实训	学生亲自操作数控车床，完成圆锥表面的实际加工	2
课题3 零件圆弧表面的数控车削加工	共8学时	
3.1 零件图样分析	认识零件图，明确零件图样上各项技术要求和加工难点等，学生讨论分析，老师归纳总结	1
3.2 零件车削准备	会根据零件形状选取相应的工、夹、量具等，会编制圆弧表面的基本数控车削工艺过程	2
3.3 车削方案实施	数值处理、圆弧表面的走刀路线设计、圆弧表面的工艺文件编制和程序编制；圆弧表面的数控加工仿真	2
3.4 零件检查与评估	加工结果检查；残次品修复；改进措施；总结报告	1
实训三 圆弧表面的数控车削加工仿真实训	学生亲自操作数控车床，完成圆弧表面的实际加工	2
课题4 零件平面的数控铣削加工	共10学时	
4.1 零件图样分析	认识零件图，明确零件图样上各项技术要求和加工难点等，学生讨论分析，老师归纳总结	1
4.2 铣削加工前的准备	熟悉数控镗铣床的加工原理和特点；掌握工、夹、量具等工艺常识；会编制平面的基本数控铣削加工工艺过程	3
4.3 铣削方案实施	数值处理、平面的走刀路线设计、平面的工艺文件编制和程序编制；平面的数控加工仿真	3
4.4 零件检查与评估	加工结果检查；残次品修复；改进措施；总结报告	1
实训四 零件平面的数控铣削加工仿真实训	学生亲自操作数控铣床，完成平面的实际加工	2
课题5 零件轮廓面的数控铣削加工	共8学时	
5.1 零件图样分析	认识零件图，明确零件图样上各项技术要求和加工难点等，学生讨论分析，老师归纳总结	1
5.2 铣削加工前的准备	会根据零件形状选择工、夹、量具等；会编制轮廓面的基本数控铣削加工工艺过程	2
5.3 铣削方案实施	数值处理、轮廓面的走刀路线设计、轮廓面的工艺文件编制和程序编制；轮廓面的数控加工仿真	2
5.4 零件检查与评估	加工结果检查；残次品修复；改进措施；总结报告	1
实训五 零件轮廓面的数控铣削加工仿真实训	学生亲自操作数控铣床，完成轮廓面的实际加工	2

注：该课程共48学时，其中机动4学时。

全书共5个课题，由四川工程职业技术学院卢万强、企业专家饶晓创主编。编写人员及具体分工如下：四川工程职业技术学院卢万强编写课题1和课题2，四川工程职业技术学院西庆坤编写课题3，四川工程职业技术学院彭美武编写课题4，四川工程职业技术学院喻廷红编写课题5，饶晓创和吴绍富提供了相关资料，并参与了全书内容的讨论和部分内容的编写。本书由武友德、黄亮主审。

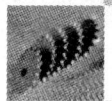

  本书经全国职业教育教材审定委员会审定，教育部专家在评审过程中对本书提出了很多宝贵的建议，在此对他们表示衷心的感谢！

  编写过程中，编者参阅了国内、外出版的有关教材和资料，在此一并表示衷心的感谢！由于编者水平有限，书中不妥之处在所难免，恳请读者批评指正。

编 者

第1版前言

《数控加工技术基础》课程是数控技术应用专业的一门主干课程。为搞好该课程的建设，我校组建了由机械类专业带头人、课程带头人、两名骨干教师和两名兼职教师组成的校企合作课程开发团队。教材的编写实行双主编制，由四川工程职业技术学院卢万强副教授和饶晓创高级工程师联合担任教材主编；由武友德教授和黄亮教授级高工联合担任主审。

为了使《数控加工技术基础》课程符合高技能人才培养目标和专业相关技术领域职业岗位的任职要求，教材编写组按照"行业引领、企业主导、学校参与"的思路，与行业企业有关专家一道制定了"数控加工岗位职业标准"。该标准已通过中国机械工业联合会组织的由有关行业、企业专家组成的鉴定组的评审鉴定。依据"数控加工岗位职业标准"，明确课程内容，并基于工作过程对课程内容进行了组织。

本书的编写始终以"数控加工岗位职业标准"所确定的该门课程所承担的典型工作任务为依托，基于工厂"典型零件"的真实加工过程为导向，结合企业生产实际的"产品制造"工作流程，分析完成每个流程所必需的知识和能力结构，归纳了《数控加工技术基础》课程的主要工作任务，选择合适的载体，构建主体学习单元；以职业能力培养为重点，将真实产品的生产过程融入教学全过程。

通过与企业长期合作共建的桥梁，本书与行业、企业合作编写，在两年前开发出了校企合作的《数控技工技术基础》活页教材。在此基础上，经过专业教学指导委员会的多次论证和修改，最终编写了本书。

本书共分为"数控车削加工圆柱表面及端面""数控车削加工圆锥表面""数控车削加工圆弧表面""数控铣削加工零件平面""数控铣削加工零件轮廓面"5个学习课题。

本书由四川工程职业技术学院卢万强副教授、东方电气有限公司饶晓创高级工程师担任主编。卢万强副教授编写课题一、二、三，东方电气集团有限公司饶晓创高级工程师提供相关资料，并协助编写；彭美武副教授编写课题四、五，中国第二重型机械集团公司吴绍富副教授级高工提供相关资料，并协助编写。本书由武友德教授和中国第二重型机械集团工艺处专家黄亮教授级高工联合担任主审。

本书的编写属于国家高职示范性院校建设项目，由于编者水平有限，书中难免有不妥之处，敬请读者批评赐教。

编　者

目 录

第 2 版前言
第 1 版前言

课题1 零件圆柱表面及端面的数控车削加工 ... 1
1.1 零件图样分析 ... 1
1.2 零件车削准备 ... 1
1.2.1 工艺准备 ... 1
1.2.2 相关基础知识准备 ... 2
1.2.3 指令介绍 ... 24
1.3 车削方案实施 ... 28
1.3.1 加工方式的确定 ... 28
1.3.2 走刀路线的确定 ... 28
1.3.3 编制程序 ... 30
1.3.4 加工仿真软件 ... 31
1.3.5 零件加工仿真 ... 43
1.4 零件检查与评估 ... 49
1.4.1 检测项目及量具 ... 49
1.4.2 检测方法 ... 49
1.4.3 评估总结 ... 49
实训一 圆柱表面及端面的数控车削加工仿真实训 ... 50
本课题小结 ... 52
练习题 ... 52

课题2 零件圆锥表面的数控车削加工 ... 55
2.1 零件图样分析 ... 55
2.2 零件车削准备 ... 55
2.2.1 工艺准备 ... 55
2.2.2 相关基础知识准备 ... 56
2.3 车削方案实施 ... 60
2.3.1 加工方式的确定 ... 60
2.3.2 走刀路线的确定 ... 62
2.3.3 编制程序 ... 63
2.3.4 零件加工仿真 ... 64
2.4 零件检查与评估 ... 68
2.4.1 检测项目 ... 68
2.4.2 检测方法 ... 68
2.4.3 评估总结 ... 68
实训二 零件圆锥表面的数控车削加工仿真实训 ... 69

本课题小结 ………………………………………………………………………………… 71
　　练习题 ……………………………………………………………………………………… 71

课题3　零件圆弧表面的数控车削加工 …………………………………………………… 74
　3.1　零件图样分析 …………………………………………………………………………… 74
　3.2　零件车削准备 …………………………………………………………………………… 74
　　3.2.1　工艺准备 …………………………………………………………………………… 74
　　3.2.2　相关基础知识准备 ………………………………………………………………… 75
　3.3　车削方案实施 …………………………………………………………………………… 78
　　3.3.1　加工方式的确定 …………………………………………………………………… 78
　　3.3.2　走刀路线的确定 …………………………………………………………………… 79
　　3.3.3　编制程序 …………………………………………………………………………… 80
　　3.3.4　零件加工仿真 ……………………………………………………………………… 81
　3.4　零件检查与评估 ………………………………………………………………………… 85
　　3.4.1　检测项目 …………………………………………………………………………… 85
　　3.4.2　检测方法 …………………………………………………………………………… 85
　　3.4.3　评估总结 …………………………………………………………………………… 86
　实训三　零件圆弧表面的数控车削加工仿真实训 ………………………………………… 86
　本课题小结 …………………………………………………………………………………… 88
　练习题 ………………………………………………………………………………………… 88

课题4　零件平面的数控铣削加工 ………………………………………………………… 91
　4.1　零件图样分析 …………………………………………………………………………… 91
　4.2　铣削加工前的准备 ……………………………………………………………………… 91
　　4.2.1　工艺准备 …………………………………………………………………………… 91
　　4.2.2　相关基础知识准备 ………………………………………………………………… 92
　　4.2.3　指令介绍 …………………………………………………………………………… 101
　4.3　铣削方案实施 …………………………………………………………………………… 108
　　4.3.1　加工方式的确定 …………………………………………………………………… 108
　　4.3.2　走刀路线的确定 …………………………………………………………………… 108
　　4.3.3　编制程序 …………………………………………………………………………… 108
　　4.3.4　加工仿真软件 ……………………………………………………………………… 109
　　4.3.5　零件加工仿真 ……………………………………………………………………… 124
　4.4　零件检查与评估 ………………………………………………………………………… 131
　　4.4.1　检测项目 …………………………………………………………………………… 131
　　4.4.2　检测方法 …………………………………………………………………………… 132
　　4.4.3　评估总结 …………………………………………………………………………… 132
　实训四　零件平面的数控铣削加工仿真实训 ……………………………………………… 132
　本课题小结 …………………………………………………………………………………… 135
　练习题 ………………………………………………………………………………………… 135

课题5　零件轮廓面的数控铣削加工 ……………………………………………………… 138
　5.1　零件图样分析 …………………………………………………………………………… 138
　5.2　铣削加工前的准备 ……………………………………………………………………… 138

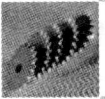

  5.2.1 工艺准备 ········· 138
  5.2.2 相关基础知识准备 ········· 139
 5.3 铣削方案实施 ········· 146
  5.3.1 加工方式的确定 ········· 146
  5.3.2 走刀路线的确定 ········· 146
  5.3.3 编制程序 ········· 147
  5.3.4 零件加工仿真 ········· 148
 5.4 零件检查与评估 ········· 155
  5.4.1 检测项目 ········· 155
  5.4.2 检测方法 ········· 155
  5.4.3 评估总结 ········· 156
 实训五 零件轮廓面的数控铣削加工仿真实训 ········· 156
 本课题小结 ········· 158
 练习题 ········· 158

附 录 ········· 161
 附录A FANUC 0-TD 系统编程常用 G 代码命令 ········· 161
 附录B FANUC 0i Mate-MC 数控系统铣削编程常用 G 代码及功能 ········· 162
 附录C FANUC 0i 系统常用 M 代码及功能 ········· 163

参考文献 ········· 164

课题1 零件圆柱表面及端面的数控车削加工

1.1 零件图样分析

如图 1-1 所示轴类零件,毛坯是 $\phi61mm \times 150mm$ 的棒材,材料为 45 钢,可加工性较好,零件表面主要是由圆柱面组成的简单回转体,而且形状较简单,尺寸和表面精度要求都不高。

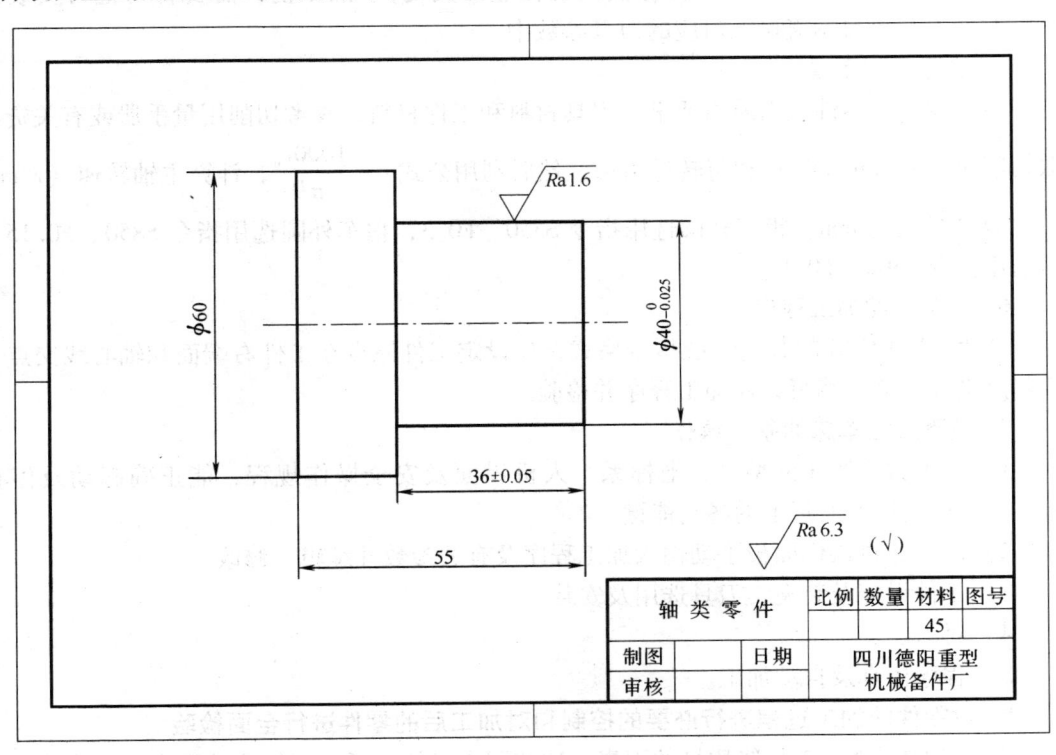

图 1-1 零件图

1.2 零件车削准备

1.2.1 工艺准备

加工该零件需要考虑以下问题。

1. 选择加工机床设备

根据零件图样要求，选用经济型数控车床即可达到要求，故选用 CK3050 型卧式数控车床。

2. 确定零件的定位基准和装夹方式

（1）定位基准 确定零件毛坯料轴线和左端面为定位基准。

（2）装夹方式 采用自定心卡盘夹持一端，一次装夹完成粗、精加工。

3. 确定加工顺序及走刀路线

1）从右至左粗加工各表面，留精加工余量 0.5mm。

2）从右至左连续精加工各表面，达到加工要求并切断。

4. 刀具选择

根据加工要求，选用 3 把刀具，T01 为 90°外圆粗车车刀，T02 为 90°外圆精车车刀，T03 为车断刀，刀宽 4mm（刀尖补偿设置在左刀尖处）。加工前，需要将每把刀安装好之后，对好刀并将刀偏值输入对应的刀具参数中。

5. 确定切削用量

根据被加工零件表面质量要求、刀具材料和工件材料，参考切削用量手册或有关资料选取切削速度 v_c（m/min）和每转进给量，然后利用公式 $n = \dfrac{1000v_c}{\pi D}$，计算主轴转速（r/min），式中 D 的单位为 mm。粗车外圆选用指令 S550、F0.3，精车外圆选用指令 S850、F0.15，切槽选用指令 S300、F0.1。

6. 编制数控加工程序

选用 FANUC 0i 的数控系统指令格式，先设定工件原点在工件右端面和轴心线交点，计算基点坐标，然后编写数控加工程序并检验。

7. 熟悉数控车床的基本操作

1）了解数控车床的型号、坐标系、人机界面及安全操作规程，能正确起动及停止机床，正确使用操作面板上的各功能键。

2）能够通过操作面板手动输入加工程序及有关参数并编辑、修改。

3）工件设定及装夹，刀具选用及安装。

4）对刀。

5）程序仿真及自动加工。

8. 对零件的加工过程进行必要的控制和对加工后的零件进行全面检验

分析影响零件加工最终质量的因素。这些因素可能包括走刀轨迹及程序的正确性、对刀方法的正确性、刀尖圆弧半径补偿的正确设置等，以便在后续的实施过程中重点关注。

1.2.2 相关基础知识准备

1. 数控技术

数字控制技术（简称数控技术）产生于 20 世纪中期。该技术最早可以追溯到 1952 年。该技术的出现与美国空军和美国麻省理工学院密不可分。直到 20 世纪 60 年代早期，数控技术才应用在产品制造领域。数控技术真正的繁荣时代是在 1972 年前后随着 CNC 技术的产生而到来的，是为单件、小批量生产，特别是复杂型面零件的生产提供自动化加工手段。数字控制可以定义为通过机床控制系统用特定的编程代码对机床进行操作。

1）数控是数字控制的简称，英文为 Numerical Control，简称 NC。目前一般采用通用或专用计算机来实现数控的，因此数控也称为计算机数控（Computer Numerical Control），简称 CNC。数控技术是一种借助数字、字符或其他符号对某一工作过程（如加工、测量和装配等）进行编程控制的自动化方法。

2）数控机床。利用数控技术的机床称为数控机床。它是一种综合应用了计算机技术、自动控制技术、精密测量技术和机床设计等先进技术的典型机电一体化产品，是现代制造技术的基础。与普通机床靠人手工操作进行加工相对应，数控机床的运动是在程序（加工指令信息）控制下自动完成的。

2. 数控设备的组成

数控设备的组成如图 1-2 所示。它主要由输入/输出装置、计算机数控装置、伺服系统和机床本体等四部分组成。

（1）输入/输出装置 输入装置的作用是将数控加工信息读入数控系统的内存存储。常用的输入装置有光电阅读机、手动输入（MDI）方式和远程通信方式等。输出装置的作用是为操作人员提供必要的信息，如各种故障信息和操作提示等。常用的输出装置有显示器和打印机等。

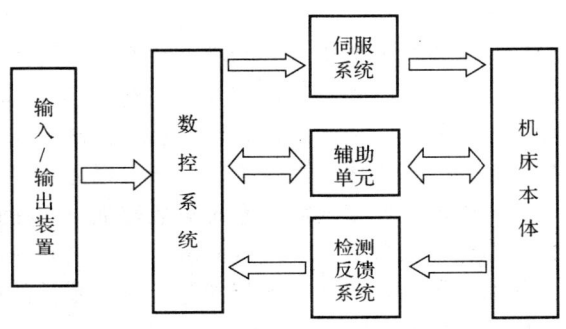

图 1-2　数控设备的组成

（2）数控系统 计算机数控装置是数控机床实现自动加工的核心单元，通常由硬件和软件组成。目前的数控系统普遍采用通用计算机作为主要的硬件部分；而软件部分主要是指主控制系统软件，如数据运算处理控制和时序逻辑控制等。数控加工程序通过数据运算处理后，输出控制信号控制各坐标轴移动，而时序逻辑控制主要是由可编程序控制器（PLC）完成加工中各个动作的协调，使数控机床有条不紊地工作。

（3）伺服系统 伺服系统是计算机数控装置和机床本体之间的传动环节。它主要是接收来自计算机数控装置的控制信息，并将其转换成相应坐标轴的进给运动和定位运动。伺服系统的精度和动态响应特性直接影响机床本体的生产率、加工精度和表面质量。伺服系统主要包括主轴伺服和进给伺服两大单元，其执行元件有功率步进电动机、直流伺服电动机和交流伺服电动机。

（4）辅助单元 辅助控制装置的主要作用是接收数控装置输出的开关量指令信号，经过编译、逻辑判别和运算，再经功率放大后驱动相应的电器，带动机床的机械、液压、气动等辅助装置完成指令规定的开关量动作。这些控制包括主轴运动部件的变速、换向和启停指令，刀具的选择和交换指令，冷却、润滑装置的启停，工件和机床部件的松开、夹紧，分度工作台转位分度等开关辅助动作。

现广泛采用可编程序控制器（PLC）作为数控机床的辅助控制装置。

（5）机床本体 机床本体是指数控机床的机械结构部分，是最终的执行环节。为了适应数控加工的特点，数控机床在布局、外观、传动系统、刀具系统及操作机构等方面都不同于普通机床。

3. 数控设备的工作原理

图 1-3 所示为数控设备的一般工作原理。

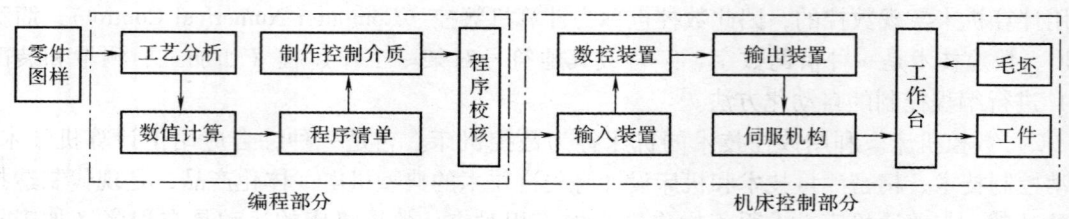

图 1-3　数控设备的一般工作原理

数控设备是按照事先编制好的数控加工程序对零件进行加工的高效自动化设备。它首先需要对零件图样的技术特征、几何形状、尺寸和工艺等加工要求进行系统的分析，确定合理正确的加工方案和加工路线，然后按照数控机床规定采用的代码和程序格式，根据加工要求编制出数控加工程序。数控加工程序可以记录在信息载体上，也可以通过某种方式输入数控设备，再由数控设备的数控系统对数控加工程序进行译码和预处理，接着由插补器进行插补计算，逐点计算并确定各线段的起、终点之间一系列的中间点的坐标及各轴的运动方向和速度，分别向各轴发出运动序列指令，完成零件的加工。

4. 数控加工的特点

数控加工有如下特点。

1) 自动化程度高，具有很高的生产率。数控加工中除手工装夹毛坯外，其余全部加工过程都可由数控机床自动完成，若配合自动装卸手段，则是无人控制工厂的基本组成环节。数控加工减轻了操作者的劳动强度，改善了劳动条件；省去了划线和多次装夹定位、检测等工序及其辅助操作，有效地提高了生产率。

2) 对加工对象的适应性强。改变加工对象时，除了更换刀具和解决毛坯装夹方式外，只需重新编程即可，不需要作其他任何复杂的调整，从而缩短了生产准备周期。

3) 加工精度高，质量稳定。数控加工尺寸精度为 0.005 ~ 0.01mm，不受零件复杂程度的影响。由于其大部分操作都由机器自动完成，因而消除了人为误差，提高了批量零件尺寸的一致性，同时精密控制的机床上还采用了位置检测装置，更加提高了数控加工的精度。

4) 易于建立与计算机间的通信联络，容易实现群控。由于数控机床采用数字信息控制，易于与计算机辅助设计系统连接，形成 CAD/CAM 一体化系统，并且可以建立各机床间的联系，容易实现群控。

5. 数控机床及其分类

从机床本体的表面上看，很多数控机床都和普通机床一样，看不出有多大的差别。但事实上它们已经有本质上的不同：驱动坐标工作台的电动机已经由传统的三相交流电动机换成了步进电动机或交、直流伺服电动机；由于电动机的速度容易控制，所以传统的齿轮变速机构已经很少采用了；还有很多机床取消了坐标工作台的机械式手摇调节机构，取而代之的是按键式的脉冲触发控制器或手摇脉冲发生器；坐标读数也已经是精确的数字显示方式，而且加工轨迹及进度也能非常直观地通过显示器显示出来。采用数控机床控制加工已经相当安全方便了。

（1）按加工工艺方法分类　按传统的加工工艺方法来分，有数控车床、数控钻床、数控镗床、数控铣床、数控磨床、数控齿轮加工机床、数控冲床、数控折弯机、数控电加工机床、数控激光与火焰切割机和加工中心等。其中，现代数控铣床基本上都兼有钻、镗加工功能。当某数控机床具有自动换刀功能时，即可称之为加工中心。

（2）按加工控制路线分类　有点位控制机床、直线控制机床和轮廓控制机床。

1）点位控制机床。如图1-4a所示，其只控制刀具从一点向另一点移动，而不管其中间行走轨迹的控制方式。在从点到点的移动过程中，只作快速空程的定位运动，因此不能用于加工过程的控制。属于点位控制的典型机床有数控钻床、数控镗床和数控冲床等。这类机床的数控功能主要用于控制加工部位的相对位置精度，而其加工切削过程还得靠手工控制机械运动来进行。

2）直线控制机床。如图1-4b所示，其可控制刀具相对于工作台以适当的进给速度，沿着平行于某一坐标轴方向或与坐标轴成45°的斜线方向作直线轨迹的加工。这种方式是一次同时只有某一轴在运动，或让两轴以相同的速度同时运动以形成45°的斜线，所以其控制难度不大，系统结构比较简单。一般地，都是将点位与直线控制方式结合起来，组成点位直线控制系统而用于机床上。这种形式的典型机床有车阶梯轴的数控车床、数控镗铣床和简单加工中心等。

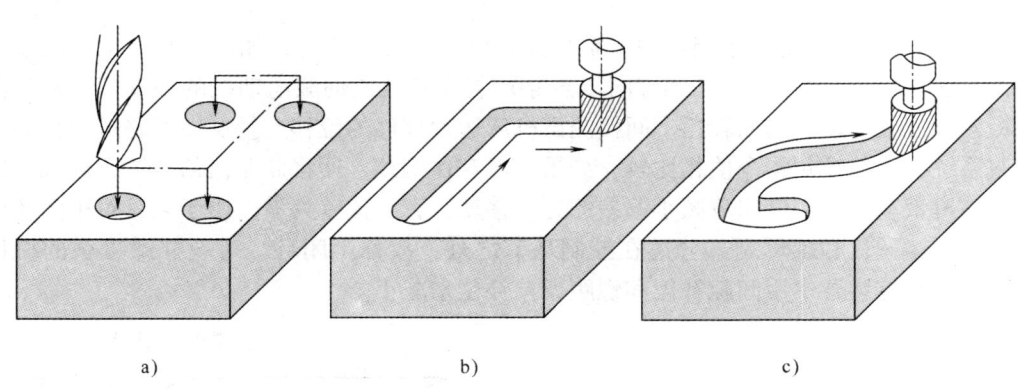

图1-4　按加工控制路线分类
a）点位控制机床　b）直线控制机床　c）轮廓控制机床

3）轮廓控制机床。它又称连续控制机床。如图1-4c所示，其可控制刀具相对于工件作连续轨迹的运动，能加工任意斜率的直线和任意大小的圆弧，配以自动编程计算，可加工任意形状的曲线和曲面。典型的轮廓控制型机床有数控铣床、功能完善的数控车床、数控磨床和数控电加工机床等。

（3）按机床所用进给伺服系统分类　有开环伺服系统型、闭环伺服系统型和半闭环伺服系统型。

1）开环伺服系统。开环伺服系统的伺服驱动装置主要是步进电动机、功率步进电动机和电液脉冲马达等。如图1-5所示，由数控系统送出的进给指令脉冲通过环形分配器，按步进电动机的通电方式进行分配，并经功率放大后送给步进电动机的各相绕组，使之按规定的方式通、断电，从而驱动步进电动机旋转，再经同步带、滚珠丝杠螺母副驱动执行部件。每给一脉冲信号，步进电动机就转过一定的角度，工作台就走过一个脉冲当量的距离。数控装置按程序加工要求控制指令脉冲的数量、频率和通电顺序，达到控制执行部件运动的位移量、速度和运动方向的目的。由于它没有检测和反馈系统，故称之为开环。其特点是结构简单、维护方便、成本较低，但加工精度不高，如果采取螺距误差补偿和传动间隙补偿等措施，定位精度可稍有提高。

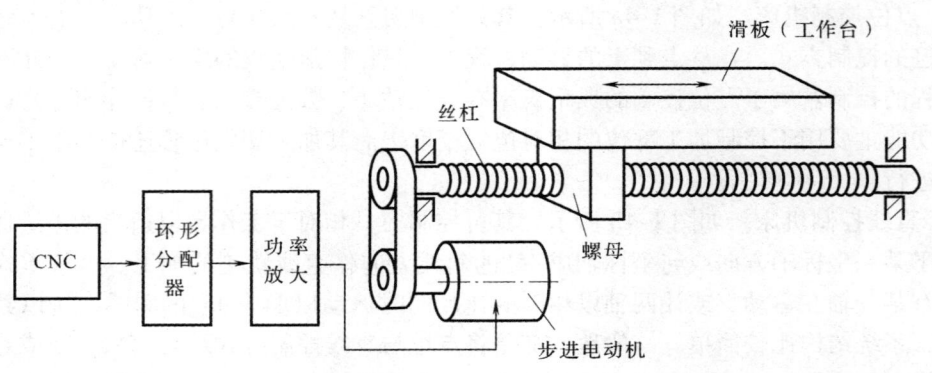

图 1-5　开环伺服系统

2) 半闭环伺服系统。半闭环伺服系统具有检测和反馈系统，如图 1-6 所示。测量元件（脉冲编码器、旋转变压器和圆感应同步器等）装在丝杠或伺服电动机的轴端部，通过测量元件检测丝杠或电动机的回转角，间接测出机床运动部件的位移，经反馈回路送回控制系统和伺服系统，并与控制指令值相比较。如果二者存在偏差，便将此差值信号进行放大，继续控制电动机带动移动部件向着减小偏差的方向移动，直至偏差为零。由于它只对中间环节进行反馈控制，丝杠和螺母副部分还在控制环节之外，故称半闭环。对丝杠螺母副的机械误差，需要在数控装置中用间隙补偿和螺距误差补偿来减小。

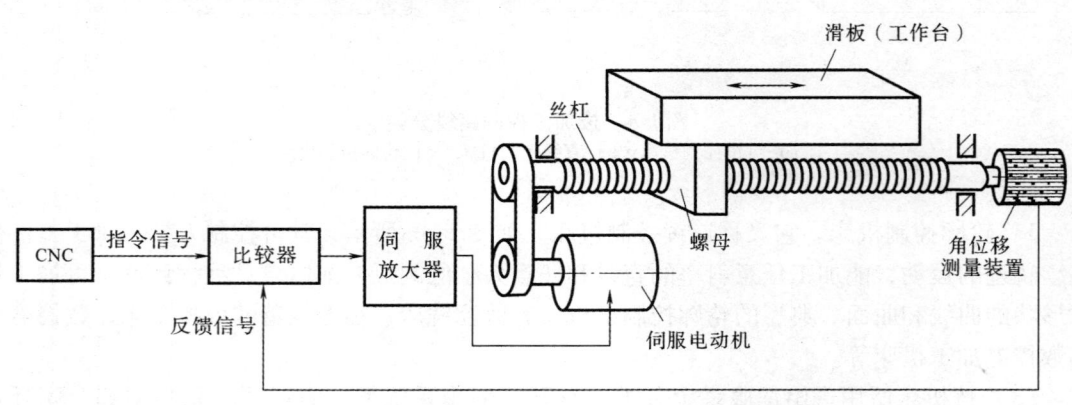

图 1-6　半闭环伺服系统

3) 闭环伺服系统。闭环伺服系统如图 1-7 所示。它的工作原理和半闭环伺服系统相同，但测量元件（直线感应同步器、长光栅等）装在工作台上，可直接测出工作台的实际位置。该系统将所有部分都包含在控制环之内，可消除机械系统引起的误差，精度高于半闭环伺服系统，但系统结构较复杂，控制稳定性较难保证，成本高，调试维修困难。

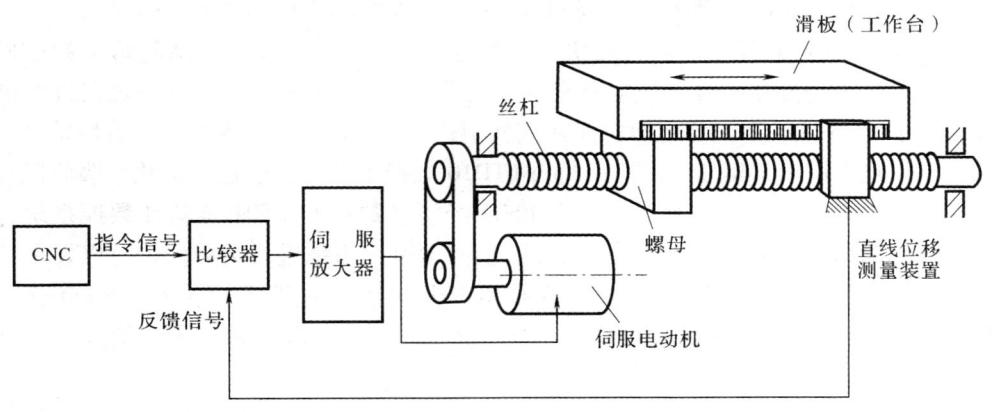

图 1-7 闭环伺服系统

（4）按控制坐标轴数目分类　按机床数控装置能同时联动控制的坐标轴的数目来分，有两坐标联动数控机床、三坐标联动数控机床和多坐标联动数控机床。

6. 数控加工技术的发展

（1）数控加工技术的发展历程　1949 年美国 Parson 公司与麻省理工学院开始合作，历时三年研制出能进行三轴控制的数控铣床样机，取名"Numerical Control"。

1953 年麻省理工学院开发出只需确定零件轮廓、指定切削路线，即可生成 NC 程序的自动编程语言。

1959 年美国 Keaney&Trecker 公司开发成功了带刀库，能自动进行刀具交换，一次装夹中即能进行铣、钻、镗、攻螺纹等多种加工功能的数控机床，这就是数控机床的新种类——加工中心。

1968 年英国首次将多台数控机床、无人化搬运小车和自动仓库在计算机控制下连接成自动加工系统，这就是柔性制造系统 FMS。

1974 年微处理器开始用于机床的数控系统中，从此 CNC（计算机数控系统）软线数控技术随着计算机技术的发展得以快速发展。

1976 年美国 Lockhead 公司开始使用图像编程。利用 CAD（计算机辅助设计）绘出加工零件的模型，在显示器上"指点"被加工的部位，输入所需的工艺参数，即可由计算机自动计算刀具路径，模拟加工状态，获得 NC 程序。

DNC（直接数控）技术始于 20 世纪 60 年代末期。它使用一台通用计算机直接控制和管理一群数控机床及数控加工中心进行多品种、多工序的自动加工。

FMS 柔性制造技术的基础，现代数控机床上的 DNC 接口就是机床数控装置与通用计算机之间进行数据传送及通信控制用的，也是数控机床之间实现通信用的接口。随着 DNC 数控技术的发展，数控机床已成为无人控制工厂的基本组成单元。

20 世纪 90 年代，出现了包括市场预测、生产决策、产品设计与制造和销售等全过程均由计算机集成管理和控制的计算机集成制造系统 CIMS。其中，数控是其基本控制单元。

20 世纪 90 年代，基于 PC - NC 的智能数控系统开始得到发展，它打破了原数控厂家各自为政的封闭式专用系统结构模式,提供开放式基础,使升级换代变得非常容易。它充分利用现有 PC 机的软硬件资源,使远程控制和远程检测诊断能够得以实现。

我国早在 1958 年就开始研制数控机床。20 世纪 70 年代初期,曾掀起研制数控机床的热潮,但当时是采用分立元件,性能不稳定,可靠性差。1980 年北京机床研究所引进日本 FANUC5、7、3、6 数控系统,上海机床研究所引进美国 GE 公司的 MTC-1 数控系统,辽宁精密仪器厂引进美国 Bendix 公司的 Dynapth LTD10 数控系统。在引进、消化、吸收国外先进技术的基础上,北京机床研究所又开发出 BS03 经济型数控和 BS04 全功能数控系统,航天部 706 所研制出 MNC864 数控系统。"八五"期间国家又组织近百个单位进行以发展自主版权为目标的"数控技术攻关",从而为数控技术产业化建立了基础。20 世纪 90 年代末,华中数控自主开发出基于 PC-NC 的 HNC 数控系统,达到了国际先进水平,加大了我国数控机床在国际上的竞争力度。

(2) 数控技术的发展趋势　随着科学技术的不断发展,数控技术的发展越来越快,数控机床朝着高性能、高精度、高速度、高柔性化和模块化方向发展,但最主要的发展趋势是智能化、开放化和网络化。

为了满足市场和科学技术发展的需要,为了达到现代制造技术对数控技术提出的更高的要求,当前,世界数控技术及其装备发展趋势主要体现在以下几个方面。

1) 运行高速化、加工高精化。速度和精度是数控设备的两个重要指标,是数控技术永恒追求的目标,因为它直接关系到加工效率和产品质量。新一代数控设备在运行高速化、加工高精化等方面都有了更高的要求。由于计算机技术的不断进步,促进了数控技术水平的提高,数控装置、进给伺服驱动装置和主轴伺服驱动装置的性能也随之提高,使得现代的数控设备在新的技术水平下,可同时具备运行高速化、加工高精化的性能。

2) 功能复合化。复合化是指在一台设备上能实现多种工艺手段加工的方法。如:镗铣钻复合——加工中心(ATC)、五面加工中心(ATC,主轴立卧转换);车铣复合——车削中心(ATC,动力刀头);铣镗钻车复合——复合加工中心(ATC,可自动装卸车刀架);铣镗钻磨复合——复合加工中心(ATC,动力磨头);可更换主轴箱的数控机床——组合加工中心。

3) 控制智能化。随着人工智能技术的不断发展,并为满足制造业生产柔性化、制造自动化发展需求,数控技术智能化程度不断提高。

4) 体系开放化。其是指具有在不同的工作平台上均能实现系统功能,且可以与其他的系统应用进行互操作的系统。系统构件(软件和硬件)具有标准化(Standardization)与多样化(Diversification)和互换性(Interchangeability)的特征,允许通过对构件的增减来构造系统,实现系统"积木式"的集成。系统构造应该是可移植的和透明的。

5) 驱动并联化。并联加工中心(又称 6 杆数控机床、虚轴机床)是数控机床在结构上取得的重大突破。

6) 交互网络化。支持网络通信协议,既满足单机需要,又能满足 FMC、FMS、CIMS 对基层设备集成要求的数控系统,该系统是形成"全球制造"的基础单元。

7. 典型数控系统

数控机床配置的数控系统不同,其功能和性能有很大差异。目前,数控系统应用较多的有国外的 FANUC(日本)、SIEMENS(德国)、FAGGR(西班牙),以及国内的华中数控、广州数控和航天数控等系统。

(1) 日本 FANUC 系列数控系统　FANUC 公司生产的 CNC 产品主要有 FS3、FS6、FS0、FS10/11/12、FS15、FS16、FS18 和 FS21/210 等系列。目前，我国用户主要使用的有 FS0 系列、FS15、FS16、FS18 和 FS21/210 等系列。

1) FS0 系列。它可组成面板装配式的 CNC 系统，易于组成机电一体化系统。FS0 系列有 FS0-T、FS0-TT、FS0-M、FS0-ME、FS0-G 和 FS0-F 等型号，T 型用于单刀架单主轴的数控车床，TT 型用于单主轴双刀架或双主轴双刀架的数控车床，M 型和 ME 型用于数控铣床或加工中心，G 型用于数控磨床，F 型是对话型 CNC 系统。

2) FS15 系列。它是 FANUC 公司较新的 32 位 CNC 系统，被称为 AICNC 系统（人工智能 CNC）。该系列是按功能模块结构构成的，可以根据不同的需要组合成最小至最大的系统，控制轴数为 2~15 根，同时还有 PMC 的轴控制功能，可配备有 7、9、11 和 13 个槽的控制单元母板，用于插入各种印制电路板，采用了通信专用微处理器和 RS-422 接口，并有远距离缓冲功能。该系列 CNC 系统主要适用于大型机床、复合机床的多轴控制和多系统控制。

3) FS16 系列。它是在 FS15 系列之后开发的产品，其性能介于 FS15 和 FS0 系列之间。它采用薄型 TET（薄膜晶体管）彩色液晶显示。

4) FS18 系列。它是紧接着 FS16 系列推出的 32 位 CNC 系统，其功能在 FS15 和 FS0 系列之间，但低于 FS16 系列。它采用高密度三维安装技术、四轴伺服控制、二主轴控制，且集成度更高。它采用 TET 彩色液晶显示，画面上可显示电动机波形，便于调整控制。它在操作、机床接口和编程等方面均与 FS16 系列有互换性。

5) FS21/210 系列。它是 FANUC 公司最新推出的系统，适用于中、小型数控机床。

(2) 德国 SIEMENS 公司的 SINUMERIK 系列数控系统　SINUMERIK 系列数控系统主要有 SINUMERIK3、SINUMERIK8、SINUMERIK810/820、SINUMERIK850/880 和 SINUMERIK840 等产品。

1) SINUMERIK8 系列。该系列产品生产于 20 世纪 70 年代末。SINUMERIK 8M/8ME/8ME-C、Sprint 8M/8ME/8ME-C 主要用于钻床、镗床和加工中心等机床，SINUMERIK 8MC/8MCE/8MCE-C 主要用于大型镗铣床，SINUMERIK 8T/Sprint 8T 主要用于车床。其中，Sprint 系列具有蓝图编程功能。

2) SINUMERIK810/820 系列。该系列生产于 20 世纪 80 年代中期。810/820 在体系结构和功能上相近。

3) SINUMERIK840D 系列。该系列生产于 1994 年，是新设计的全数字化数控系统，具有高度模块化及规范化的结构。它将 CNC 和驱动控制集成在一块板子上，将闭环控制的全部硬件和软件集成在 $1cm^2$ 的空间中，便于操作、编程和监控。

4) SINUMERIK810D 系列。该系列生产于 1996 年，810D 是在 840D 的基础上开发的新 CNC 系统。它第一次将 CNC 和驱动控制集成在一块板上，其 CNC 与驱动之间没有接口。810D 配备了功能强大的软件，提供了很多新的使用功能，如提前预测功能、坐标变换功能、固定点停止功能、刀具管理功能、样条插补功能、压缩功能和温度补偿功能等，极大地提高了其应用范围。

1998 年，在 810D 的基础上，SIEMENS 公司又推出了基于 810D 系统的现场编程软件 ManulTurn 和 ShopMill。前者适用于数控车床的现场编程，后者适用于数控铣床的现场编程。

操作者无需专门的编程培训，使用传统操作机床的模式即可对数控机床进行操作和编程。

近几年来，SIEMENS 公司又推出了 SINUMERIK802 系列 CNC 系统，有 802S、802C 和 802D 等型号。

（3）华中数控系统 HNC　HNC 是武汉华中数控研制开发的国产型数控系统。它是我国 863 计划的科研成果在实践中应用的成功项目，已开发和应用的产品有 HNC-1 和 HNC-2000 两个系列，共计 16 种型号。

1）HNC-1 型数控系统。该数控系统有 HNC-1M 铣床、加工中心数控系统，HNC-1T 车床数控系统，HNC-1Y 齿轮加工数控系统，HNC-1P 数字化仿形加工数控系统，HNC-1L 激光加工数控系统，HNC-1G 五轴联动工具磨床数控系统和 HNC-1FP 锻压、冲压加工数控系统，HNC-1ME 多功能小型数控铣系统，HNC-1TE 多功能小型数控车系统和 HNC-1S 高速珩缝机数控系统等。

2）HNC-2000 型数控系统。HNC-2000 型是在 HNC-1 型数控系统的基础上开发的高档数控系统。该系统采用通用工业 PC，TFT 真彩液晶显示，具有多轴多通道控制功能和内装式 PC，可与多种伺服驱动单元配套使用，具有开放性好、结构紧凑、集成度高、性价比高和操作维护方便等优点。同样，它也有系列派生的数控系统 HNC-2000M、HNC-2000T、HNC-2000Y、HNC-2000L 和 HNC-2000G 等。

8. 数控机床坐标系

数控加工中，对零件上某一个位置的描述是通过坐标来完成的，任何一个位置都可以参照某一个基准点，准确地用坐标描述，这个基准点常被称为坐标系原点。数控加工之前，必须建立适当的坐标系，而且数控机床用户、数控机床制造厂及数控系统生产厂也必须要有一个统一的坐标系标准。

（1）标准坐标系　国际标准化组织（ISO）对数控机床的坐标和方向制定了统一的标准（ISO 841：1974），我国也同样采用了这个标准，制定了 JB/T 3051—1991 数控机床坐标和运动方向的命名。

标准规定标准坐标系为右手直角（笛卡儿）坐标系，如图 1-8 所示。规定基本的直线运动坐标轴用 X、Y、Z 表示，围绕 X、Y、Z 轴旋转的圆周进给坐标轴分别用 A、B、C 表示。

标准规定直角坐标系的直线轴 X、Y、Z 三者的关系及其方向由右手定则判断，即拇指、食指、中指分别表示 X、Y、Z 轴及其方向，A、B、C 的正方向用右手螺旋法则判定，即分别用右手握着直线轴 X、Y、Z，其中拇指指向 X、Y、Z 的正方向，则其余四指握拳方向分别代表回转轴 A、B、C 的正方向。

标准规定上面的法则适用于工件固定、刀具移动时的情况。如果工件移动、刀具固定时，正方向反向，并加"'"表示。

这样规定之后，编程员在编程时不必考虑具体的机床上是工件固定还是工件移动进行的加工，而是永远假设工件固定不动，刀具移动来决定机床坐标的正方向。

（2）坐标轴及方向的确定　标准规定：机床某部件运动的正方向，是增大工件与刀具之间距离的方向，坐标轴确定顺序为：先确定 Z 轴，再确定 X 轴，最后确定 Y 轴。

1）Z 坐标轴。Z 坐标轴是由传递主切削动力的主轴所决定的，一般平行于数控机床主轴轴线的坐标轴即为 Z 坐标轴，其正向为刀具离开工件的方向。

图 1-9 所示为数控车床的 Z 坐标轴。

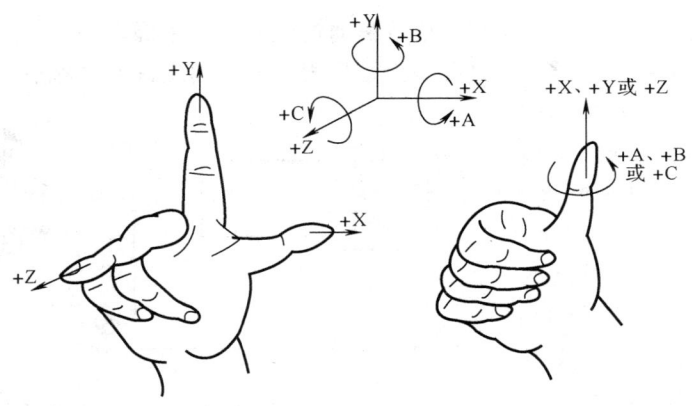

图 1-8 右手直角（笛卡儿）坐标系

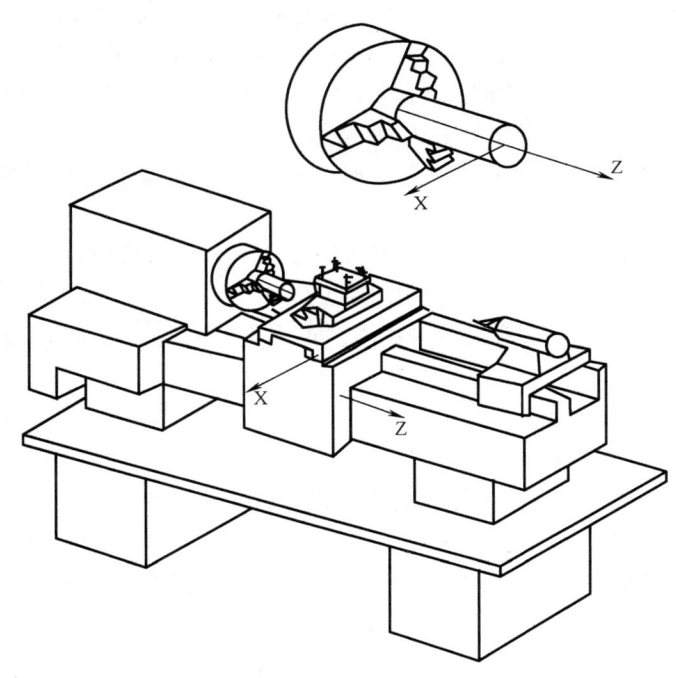

图 1-9 数控车床的 Z 坐标轴

2）X 坐标轴。X 坐标轴通常平行于工件的装夹平面，一般在水平面内。数控车床的 X 坐标轴如图 1-9 所示。

（3）常用坐标系　用户购买 CNC 机床时，不可避免地会碰到这些问题。一个特定的工件，必须由一个厂家生产的机床来加工，而机床又使用了不同厂家的控制系统、刀具和刀架，这种组合就需要相互协调。数控机床加工零件的过程是通过机床、刀具和工件三者的协调运动完成的。坐标系正是起这种协调作用的。它能保证各部分按照一定的顺序运动而不至于互相干涉。数控加工中常用到两个坐标系和一个参考点，即机床坐标系、工件坐标系及刀具参考点。

工件安装在机床的夹具上,其相对位置是通过机床坐标系确定的,而刀具相对于工件的运动是通过工件坐标系确定的,刀具参考点则代表了刀具与工件的接触点。

1)机床坐标系。机床坐标系是以机床原点(或零点)为基准而建立的坐标系。机床原点的位置随机床生产厂家的不同而不同,是机床设计和调整的基准点。数控车床的机床原点一般位于卡盘端面和主轴回转轴心线的交点。机床坐标系如图1-10所示。

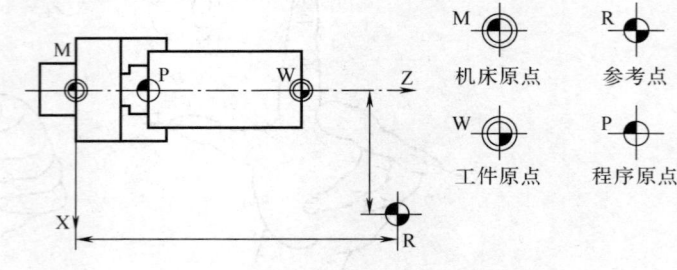

图1-10 机床坐标系与参考点

2)工件坐标系。工件坐标系是以工件原点为基准而建立的坐标系,用于确定与机床坐标系、刀具参考点以及图样尺寸的关系,由编程人员确定。从理论上讲,工件原点的位置可以任意确定,但由于实际机床操作中的限制,只能考虑最有利于加工的可能方案,而且工件原点的位置会直接影响工件的安装调试和加工效率。工件坐标系如图1-10所示。

以下三个因素决定如何选择工件原点:加工精度、调试操作的便利性和工作状况的安全性。

3)刀具参考点。车削和镗削中,因为大部分刀具有一个固定半径的切削刃,所以最常见的刀具参考点是切削刀片上的一个虚构切削点。

在铣削和车削中使用的钻头和另外一些点对点之类的刀具,参考点通常是刀具沿Z轴方向上最远的尖端。

9. 数控车床的类型及特点

(1)按数控系统的功能分类

1)经济型数控车床。它一般采用步进电动机驱动形成开环伺服系统,其控制部分多采用单板机或单片机来实现,如图1-11所示。此类车床结构简单,价格低廉,精度较低。

2)全功能型数控车床。它一般采用闭环或半闭环控制系统,具有高刚度、高精度和高效率等特点,如图1-12所示。

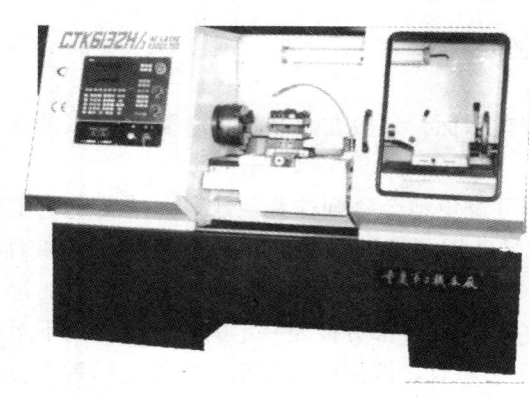

图1-11 经济型数控车床

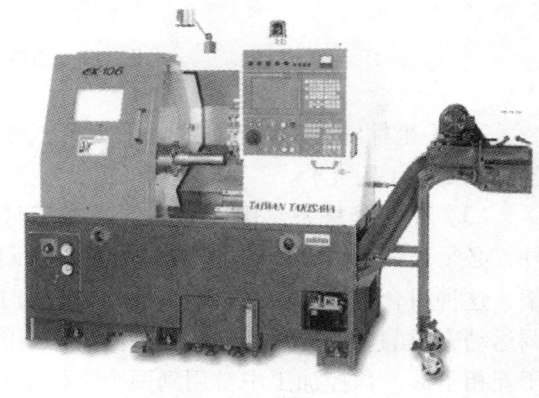

图1-12 全功能型数控车床

3）数控车削中心。它是以全功能型数控车床为主体,并配置刀库、换刀装置、分度装置、铣削动力头和机械手等,实现多工序的复合加工的机床,如图1-13所示。在零件一次装夹后,它可完成回转类零件的车、铣、钻、铰、攻螺纹等多种加工工序,其功能全面,但价格较高。

数控车削中心具有C、Y轴控制,需配置动力刀架,使用旋转刀具,如图1-14所示。

图1-13 数控车削中心

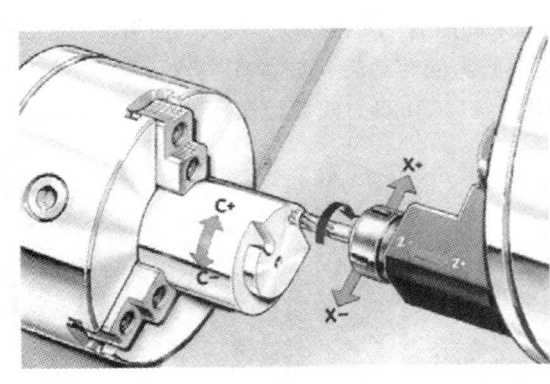
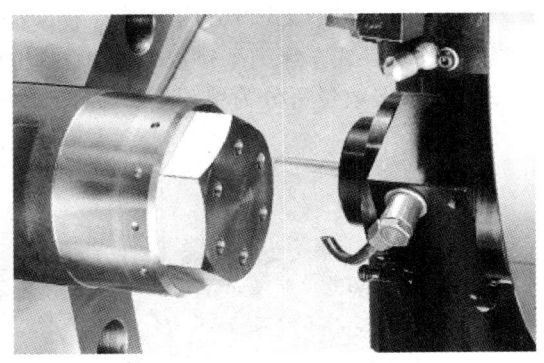

a)　　　　　　　　　　　　　b)

图1-14 数控车削中心C、Y轴控制
a) C轴控制　b) Y轴控制

4）FMC车床。它实际上是一个由数控车床、机器人等构成的柔性制造单元。它能实现零件搬运、装卸自动化和加工调整准备的自动化。

（2）按主轴的配置形式分类

1）卧式数控车床。卧式数控车床主轴轴线处于水平位置,如图1-15所示。又可分为水平导轨卧式数控车床和倾斜导轨卧式数控车床,其倾斜导轨结构可以使车床具有更大的刚性，并利于排屑。

2）立式数控车床。其主轴轴线处于垂直位置，并有一个直径很大的圆形工作台，供装夹零件用，如图 1-16 所示。这类机床主要用于加工径向尺寸大、轴向尺寸较小的大型复杂零件。

具有两根主轴的车床称为双主轴数控车床。

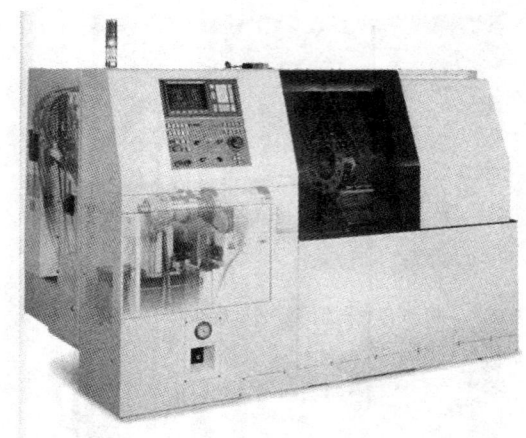

图 1-15　卧式数控车床

图 1-16　立式数控车床

(3) 按刀架情况分类

1) 按刀架排放形式可分为前置刀架的数控车床和后置刀架的数控车床。前置刀架一般是方刀架，与卧式车床刀架排放相同，后置刀架一般为回转刀架，放置在主轴斜上方。

2) 按刀架数量可分为单刀架数控车床（见图 1-17）和双刀架数控车床（见图 1-18）。

图 1-17　单主轴单刀架数控车床

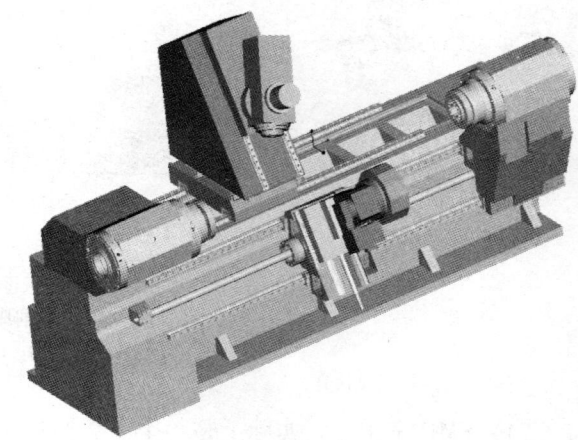

图 1-18　双主轴双刀架数控车床

(4) 按其他情况分类　按数控系统的不同控制方式等指标，数控车床可分为直线控制数控车床和轮廓控制数控车床等；按特殊或专门的工艺性能可分为螺纹数控车床、活塞数控车床和曲轴数控车床等。

10. 数控车床的结构布局

数控车床的结构布局形式与普通车床基本一致,但数控车床的刀架和导轨的布局形式有很大变化,直接影响着数控车床的使用性能及机床的结构和外观。此外,数控车床上都设置有封闭的防护装置。

(1) 床身和导轨的布局　数控车床床身导轨水平面的相对位置如图 1-19 所示。

1) 图 1-19a 所示为平床身的布局。它的工艺性好,便于导轨面的加工。平床身配上水平放置的刀架,可提高刀架的运动精度。这种布局一般可用于大型数控车床或小型精密数控车床。但是平床身由于下部空间小,故排屑困难。从结构尺寸上看,刀架水平放置使滑板横向尺寸较长,从而加大了机床宽度方向的结构尺寸。

2) 图 1-19b 所示为斜床身的布局,其导轨倾斜的角度分别为 30°、45°、60°和 75°等。当导轨倾斜的角度为 90°时,称为立床身,如图 1-19d 所示。倾斜角度小,排屑不便;倾斜角度大,导轨的导向性及受力情况差。其倾斜角度的大小还直接影响机床外形尺寸中高度与宽度的比例。综合考虑以上因素,中小规格的数控车床,其床身的倾斜角度以 60°为宜。

3) 图 1-19c 所示为平床身斜滑板的布局。这种布局形式一方面具有平床身工艺性好的特点,另一方面机床宽度方向的尺寸较水平配置滑板的要小,且排屑方便。

平床身斜滑板和斜床身的布局形式被中、小型数控车床所普遍采用。这是由于:这两种布局形式排屑容易,热切屑不会堆积在导轨上,也便于安装自动排屑器;操作方便,易于安装机械手,以实现单机自动化;机床占地面积小,外形美观,容易实现封闭式防护。

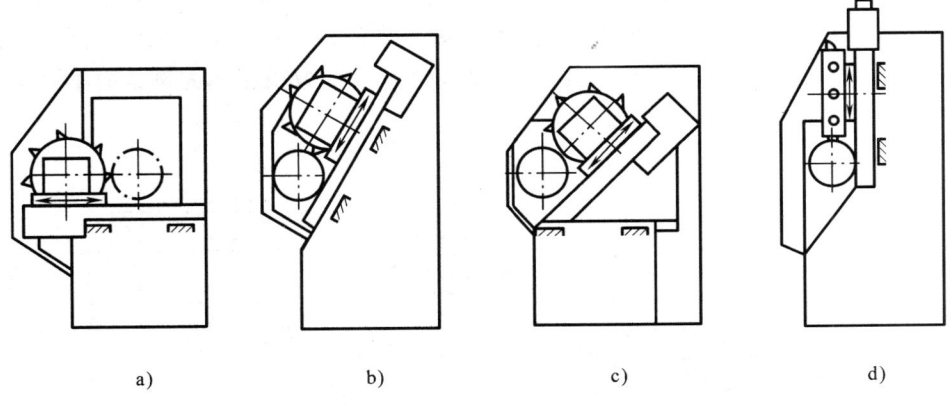

图 1-19　数控车床的布局形式
a) 平床身　b) 斜床身　c) 平床身斜滑板　d) 立床身

(2) 刀架的布局　刀架可分为排式刀架和回转刀架两大类。目前,两坐标联动数控车床多采用回转刀架。其在机床上的布局有两种形式,一种是用于加工盘类零件的回转刀架,其回转轴平行于主轴;另一种是用于加工轴类和盘类零件的回转刀架,其回转轴垂直于主轴。

图 1-20 所示为数控车床常见的刀架形式。

四坐标轴控制的数控车床,床身上安装有两个独立的滑板和回转刀架,也称为双刀架四坐标数控车床。其上每个刀架的切削进给量是分别控制的,因此两刀架可以同时切削零件的

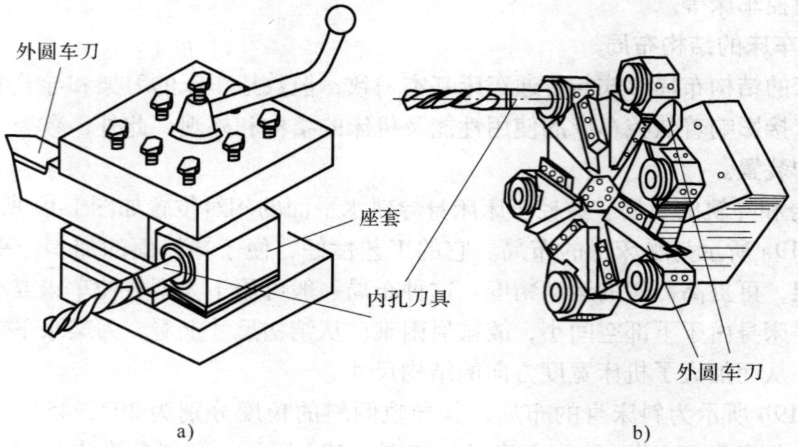

图 1-20 数控车床常见的刀架形式
a) 普通转塔刀架 b) 自动回转刀架

不同部位，既扩大了加工范围，又提高了加工效率，适合加工曲轴、飞机零件等形状复杂、批量较大的零件。

11. 数控车床的结构介绍

数控车床的整体结构组成基本与普通车床相同，同样具有床身、主轴、刀架及滑板和尾座等基本部件，但数控柜、操作面板和显示监控器却是数控车床特有的部件。即使对于机械部件，数控车床和普通车床也有很大的区别。如数控车床的主轴箱内部省掉了机械式的齿轮变速部件，因而结构非常简单；车螺纹也不再需要另配丝杠和挂轮了；刻度盘式的手摇移动调节机构也已被脉冲触发计数装置所取代。在此以 CK7815 数控车床为例，简单介绍数控车床的结构组成，如图 1-21 所示。

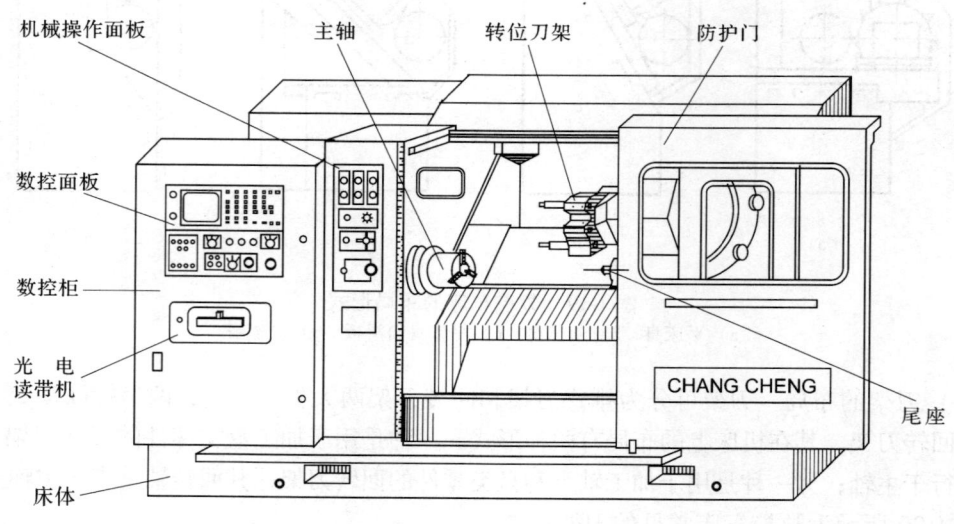

图 1-21 CK7815 型数控车床的结构

CK7815 型数控车床是长城机床厂的产品，为两坐标联动半闭环控制的 CNC 车床。该车床能车削直线（圆柱面）、斜线（锥面）、圆弧（成形面）、米制和寸制螺纹（圆柱螺纹、锥螺纹及多线螺纹），能对盘形零件进行钻、扩、铰和镗孔加工。其床身导轨为60°倾斜布置，排屑方便；导轨截面为矩形，刚性很好。主轴由直流（配5T系统时）或交流（配6T系统时）调速电动机驱动，主轴尾端带有液压夹紧液压缸，可用于快速自动装夹工件。床鞍溜板上装有横向进给驱动装置和转塔刀架，刀盘可选配8位、12位小刀盘和12位大刀盘。纵横向进给系统采用直流伺服电动机带动滚珠丝杠，使刀架移动。尾座套筒采用液压驱动。可采用光电读带机和手工键盘程序输入方式，带有CRT显示器、数控操作面板和机械操作面板，另外还有液动式防护门罩和排屑装置。若再配置上、下料的工业机器人，就可以形成一个柔性制造单元（FMC）。

12. 数控车削的工艺基础

（1）数控车削的工艺特点　数控加工工艺是采用数控机床加工零件时所运用的各种方法和技术手段的总和，应用于整个数控加工工艺过程。数控工艺在数控加工时起到的是一个指导性作用，是数控机床执行数控程序的前提和依据。没有符合实际的、科学合理的数控工艺，就不可能有真正可行的数控加工程序。

1）数控加工的工艺内容十分明确而且具体。进行数控车削时，数控车床接受数控系统的指令，完成各种运动，实现加工要求。因此，在编制加工程序之前，需要对影响加工过程的各种工艺因素，如切削用量、进给路线、刀具的几何形状甚至工步的划分与安排等一一作出定量描述，而不能像用普通车床加工那样，许多具体的工艺问题是由操作工人依据自己的实践经验和习惯自行考虑和决定的。也就是说，本来由操作工人在加工中灵活掌握并可随时调整来处理的一些工艺问题，在数控加工时就转变为编程人员必须在加工之前具体设计和明确安排的内容。

2）数控加工的工艺要求要准确而且严密。数控车床加工程序不仅要包括零件的工艺过程，而且还要包括参数、路线、刀具的选择以及车床的运动过程。比如，在加工深孔时，就要考虑刀具的刚性和排屑问题，应选择什么样的车床、刀具、路线和切削用量等以便于加工，而不能像普通车床加工那样，不行就临时再换另一种方法。因此，要求编程人员对数控车床的性能、特点、运动方式、刀具系统、切削范围以及零件的装夹方法都要非常熟悉。

3）数控加工的工序相对集中。数控车床具有自动换刀功能，加工精度也较高，一般应在一次装夹后尽可能地完成多个内容。数控车床本身就适合加工内容复杂、工序多、精度要求高而普通车床难以加工的零件。如果零件简单，加工内容少而采用数控车床，就体现不出它的优越性了。

（2）数控车削的主要加工对象　数控车削是数控加工中用得最多的加工方法之一，结合数控车削的特点，与普通车床相比，数控车床适合于车削具有以下要求和特点的回转体零件。

1）精度要求高的回转体零件。由于数控车床刚性好，制造和对刀精度高，能方便和精确地进行人工补偿和自动补偿，所以能加工尺寸精度要求较高的零件，在有些场合可以以车代磨。此外，数控车削的刀具运动是通过高精度插补运算和伺服驱动来实现的，所以能加工对直线度、圆度、圆柱度等形状精度要求高的零件。另外，工件一次装夹可完成多道工序的加工，提高了加工工件的位置精度。

2）表面粗糙度值要求小的回转体零件。数控车床具有恒线速切削功能，能加工出表面粗糙度值较小的零件。在材质、精车余量和刀具已定的情况下，表面粗糙度取决于进给量和车削速度。使用数控车床的恒线速切削功能，就可选用最佳线速度来切削锥面、球面和端面等，使车削后的表面粗糙度值既小又一致。

3) 表面形状复杂的回转体零件。由于数控车床具有直线和圆弧插补功能，可以车削出任意直线和曲线组成的形状复杂的回转体零件。

4) 带特殊螺纹的回转体零件。数控车床具有加工各类螺纹的功能，包括等导程的直、锥和端面螺纹，变导程的螺纹。

(3) 数控车削加工工件的装夹

1) 工件定位要求。由于数控车削的特点，工件径向定位后要保证工件坐标系 Z 轴与机床主轴轴线同轴，同时要保证加工表面径向的工序基准（或设计基准）与机床主轴回转中心线的位置满足工序（或设计）要求。如工序要求加工表面轴线与工序基准表面轴线同轴，这时工件坐标系 Z 轴即为工序基准表面的轴线，可采用自定心卡盘或两顶尖定位装夹。

定位基准（指精基准）的选择原则如下：

① 基准重合原则。为避免基准不重合误差，方便编程，应选用工序基准（设计基准）作为定位基准，并使工序基准、定位基准、工件原点三者统一，这是优先考虑的方案。否则，会产生基准不重合误差。

② 基准统一原则。在多工序或多次安装中，选用相同的定位基准对数控加工保证零件的位置精度非常重要。

③ 便于装夹原则。所选择的定位基准应能保证定位准确、可靠，敞开性好，操作方便，能加工尽可能多的内容。

④ 便于对刀原则。批量加工时，在工件坐标系已确定的情况下，采用不同的定位基准为对刀基准建立工件坐标系，会使对刀方便。

2) 常用装夹方式。

① 在自定心卡盘上装夹。自定心卡盘的三个卡爪是同步运动的，能自动定心，一般不需找正，装夹工件方便、省时，自动定心好，但夹紧力较小，所以适用于装夹外形规则的中、小型工件。自定心卡盘可装成正爪和反爪两种形式。

② 在两顶尖之间装夹。对于轴向尺寸较大或加工工序较多的轴类工件，为保证每次装夹时的装夹精度，可用两顶尖装夹。两顶尖装夹工件方便，不需找正，装夹精度高，适用于多工序加工或精加工。

③ 用卡盘和顶尖装夹。用两顶尖装夹工件虽然精度高，但刚性较差。因此，对于质量较大的工件则要一端用卡盘夹住，另一端用后顶尖支撑。为了防止工件由于切削力的作用而产生轴向位移，必须在卡盘内装一限位支承，利用工件的台阶面限位。这种方法比较安全，能承受较大的进给力，安装刚性好，轴向定位准确，所以应用比较广泛。

(4) 数控车削加工工艺过程的拟定

1) 零件表面数控车削加工方案的确定。一般根据零件的加工精度、表面粗糙度、材料、结构形状、尺寸及生产类型确定零件表面的数控车削加工方法及加工方案。

数控车削内、外圆表面及端面的加工方案的确定方法如下：

① 加工精度为 IT7～IT9 级、表面粗糙度值 Ra 为 $0.8～3.2\mu m$ 的除淬火钢以外的常用金属，可采用粗车、半精车、精车的方案加工。

② 加工精度为 IT5～IT7 级、表面粗糙度值 Ra 为 0.2～0.63μm 的除淬火钢以外的常用金属，可采用粗车、半精车、精车、细车的方案加工。

③ 加工精度高于 IT5 级、表面粗糙度值 Ra < 0.63μm 的除淬火钢以外的常用金属，可采用高档精密数控车床，按粗车、半精车、精车、精密车的方案加工。

2）数控车削加工工序的划分。数控车削加工工序的划分一般可按下列方法进行。

① 以一次安装所进行加工的内容作为一道工序。将位置精度要求较高的表面安排在一次安装下完成，以免多次安装所产生的安装误差影响位置精度。

② 以工件上用一把刀具加工的内容为一道工序。某些零件结构较复杂，即有回转表面、非回转表面、平面、内腔和曲面。对于加工内容较多的零件，按零件结构特点将加工内容组合分成若干部分，每一部分用一把刀具加工，作为一道工序，然后再将另外组合在一起的部件换另外一把刀具加工，作为另一道工序。这样可以减少换刀次数和空行程时间。

③ 以粗、精加工划分工序。对于容易发生加工变形的零件，通常粗加工后需要进行矫正，这时粗加工和精加工作为两道工序，可以采用不同的刀具或不同的数控车床加工。对毛坯余量较大和加工精度要求较高的零件，应将粗车和精车分开，划分成两道或更多的工序，将粗车安排在精度较低、功率较大的数控车床上加工，将精车安排在精度较高的数控车床上加工。

3）工序顺序的安排。制订零件数控车削加工工序顺序一般遵循下列原则。

① 先加工定位面，即上道工序的加工能为后面的工序提供精基准和合适的夹紧表面。

② 先加工平面后加工孔。

③ 先粗加工后精加工，对精度要求高，粗、精加工需分开进行。

④ 以相同定位、夹紧方式装夹的工序，最好接连进行，以减少重复定位次数和夹紧次数。

4）进给路线的确定。进给路线是指数控机床加工过程中刀具相对零件的运动轨迹和方向，也称走刀路线。它泛指刀具从对刀点（或机床参考点）开始运动起，直至返回该点并结束加工程序所经过的路径，包括切削加工的路径及刀具切入、切出等非切削空行程。

确定进给路线的一般原则如下：

① 保证零件的加工精度和表面粗糙度要求。

② 缩短进给路线，减少进退刀时间和其他辅助时间。

③ 方便数值计算，减少编程工作量。

④ 尽量减少程序段数。

（5）程序编制中的数学处理　根据被加工零件图样，按照已经确定的加工工艺路线和允许的编程误差，计算数控系统所需要输入的数据，称为数学处理。数学处理一般包括两个内容：根据零件图样给出的形状、尺寸和公差等直接通过数学方法（如三角、几何与解析几何法等）计算出编程时所需要的有关各点的坐标值；当按照零件图样给出的条件不能直接计算出编程所需的坐标，也不能按零件给出的条件直接进行工件轮廓几何要素的定义时，就必须根据所采用的具体工艺方法和工艺装备等加工条件，对零件原图形及有关尺寸进行必要的数学处理或改动，才可以进行各点的坐标计算和编程工作。

1）选择编程原点。从理论上讲，编程原点选在零件上的任何一点都可以，但实际上为了换算尺寸尽可能简便，减少计算误差，应选择一个合理的编程原点。

车削零件编程原点的 X 向零点应选在零件的回转中心，Z 向零点一般应选在零件的右端面、设计基准或对称平面内，如图 1-22 所示。

铣削零件的编程原点，X、Y 向零点一般可选在设计基准或工艺基准的端面或孔的中心线上。对于有对称部分的工件，可以选在对称面上，以便用镜像等指令来简化编程。Z 向的编程原点，习惯选在工件上表面，这样当刀具切入工件后，Z 向尺寸字均为负值，以便于检查程序，如图 1-23 所示。

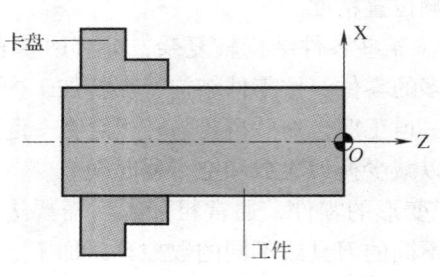

图 1-22 车削零件选择编程原点

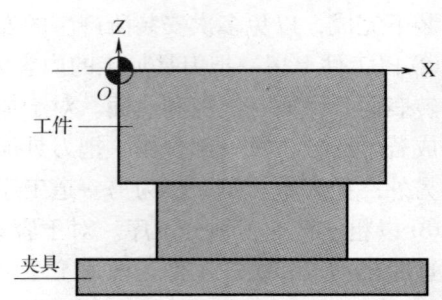

图 1-23 铣削零件选择编程原点

编程原点选定后，就应把各点的尺寸换算成以编程原点为基准的坐标值。为了在加工过程中有效地控制尺寸公差，按尺寸公差的中值来计算坐标值。

2）基点。零件的轮廓是由许多不同的几何要素所组成的，如直线、圆弧和二次曲线等，各几何要素之间的连接点称为基点。基点坐标是编程中必需的重要数据。

如图 1-24 所示的零件中，A、B、C、D、E 为基点。A、B、D、E 的坐标值从图中很容易找出，C 点是直线与圆弧的切点，要联立方程求解。以 B 点为计算坐标系原点，联立下列方程

$$\begin{cases} 直线方程：Y = \tan(\alpha + \beta) X \\ 圆方程：(X-80)^2 + (Y-14)^2 = 30 \end{cases}$$

可求得（64.2786，39.5507），换算到以 A 点为原点的编程坐标系中，C 点坐标为（64.2786，51.5507）。

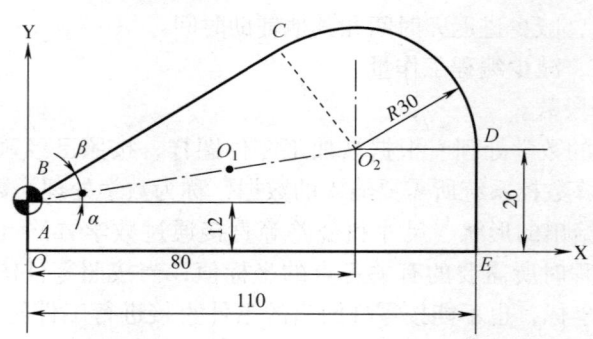

图 1-24 确定基点坐标

3）非圆曲线数学处理的基本过程。数控系统一般只能作直线插补和圆弧插补的切削运

动。如果工件轮廓是非圆曲线，数控系统就无法直接实现插补，而需要通过一定的数学处理。数学处理的方法是用直线段或圆弧段去逼近非圆曲线，逼近线段与被加工曲线的交点称为节点。如图1-25 所示的曲线用直线逼近时，其交点 A、B、C、D、E 和 F 等即为节点。

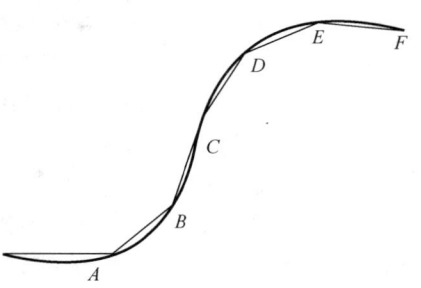

图 1-25　节点的确定

13. 数控车削编程特点

1）在一个程序段中，根据图样上标注的尺寸，可以采用绝对值编程、增量值编程或两者混合编程。

2）由于被加工零件的径向尺寸在图样上和测量时都以直径表示，所以用绝对值编程时，X 值以直径值表示；用增量值编程时，以径向实际位移量的两倍值表示，并附加方向符号。

3）为提高零件的径向尺寸精度，X 向的脉冲当量取 Z 向的一半。

4）由于车削加工常用棒料或锻料作为毛坯，加工余量较大，加工螺纹时要分多刀进行，所以为简化编程，数控装置具备不同形式的固定循环，可进行多次重复循环切削。

5）数控车床大多数以车刀上的某一点作为基准来编程，而实际上有时为提高刀具寿命和零件表面质量，需在车刀的刀尖处磨出一个小圆弧。为防止产生过切或少切，数控装置一般都具有刀尖圆弧半径自动补偿功能，使程序编制简单、零件尺寸准确。

14. 程序格式

（1）字符与代码　字符是一个关于信息交换的术语，其定义是用来组织、控制或表示数据的一些符号，如数字、字母、标点符号和数学运算符等。字符也是加工程序的最小组成单位。数控加工程序中常见的字符分四类。

第一类是地址字符，由 26 个英文字母组成。

例如，数控加工程序中使用的地址字符有：

D	刀具半径补偿
F	进给速度
G	准备功能
X、Y、Z	坐标尺寸
S	主轴转速

第二类是数字和小数点字符，由 0～9 共 10 个阿拉伯数字及一个小数点组成。

第三类是符号字符，由正号（+）和负号（-）组成。

第四类是功能字符，由程序开始字符、结束字符、程序段结束字符、跳过程序段字符和机床控制暂停字符等组成。

例如，数控加工程序中使用的功能字符如下：

（）	圆括弧，用于程序注释和信息；
%	百分号，停止代码（程序文件的结束）；
,	逗号，只用于注释中；
[ ]	中括号，用于 FANUC 宏中的变量；
;	分号，用于不可编程的程序段结束符号（用于屏幕显示）；
=	等号，用于 FANUC 宏中的等式；

    #   井号，用于 FANUC 变量的定义；
    /   斜杠（左斜杠），跳过程序段字符、FANUC 宏中的除法字符；
    *   乘号，用于 FANUC 宏中的乘法字符。

数控系统与通用计算机一样只接受二进制数字信息，所以必须把每个字符转换成 8bit 信息组合的字节（byte）。每个字符在内存中占用一个字节内存单元。字符的编码，国际上广泛采用两种标准，即国际标准化组织（ISO）标准和美国电子工业协会（EIA）标准，分别称为 ISO 代码和 EIA 代码。这两种代码的区别不仅仅是每种字符的二进制八位数编码不同，而且功能的符号、含义和数量都有很大区别。在大多数数控机床上，这两种代码都可以使用。

（2）程序字及其功能　程序字的简称是字，是数控机床的专用术语。它是一套有规定次序的字符，可以作为一个信息单元存储、传递和操作，如 X250 就是"字"。加工程序中常见的字都是由地址字符（或称为地址符）与随后的若干位十进制数字字符组成的。地址字符与后续数字字符间可加正、负号，正号可省略不写。常用的程序字按其功能不同可分为 7 种类型，分别称为顺序号字、准备功能字、尺寸字、进给功能字、主轴转速功能字、刀具功能字和辅助功能字。

1）顺序号字。顺序号字也称程序段号或程序段序号。顺序号字位于程序段之首，其地址符是 N，后续数字一般为 2~4 位。

顺序号的使用规则如下：

① 数字部分应为正整数，所以最小顺序号是 N1；
② N 与数字间、数字与数字间一般不允许有空格；
③ 顺序号的数字可以不连续使用，如第 1 段用 N1、第 2 段用 N10、第 3 段用 N15；
④ 顺序号的数字不一定要从小到大使用，如第 1 段用 N10、第 2 段用 N2；
⑤ 顺序号不是程序段的必用字；
⑥ 对于整个程序，可以每个程序段都设顺序号，也可以只在部分程序段中设顺序号。

顺序号的作用如下：

① 便于人们对程序进行校对和检索修改；
② 便于在图上标注，即在加工轨迹图的几何基点处标上相应程序段的顺序号。

2）准备功能字。准备功能字的地址符是 G，所以又称为 G 功能或 G 指令，它是建立机床或控制系统工作方式的一种命令。准备功能字中的后续数字大多为两位正整数（包括 00）。不少机床此处的前置"0"允许省略，如 G4，实际是 G04。随着数控机床功能的增加，G00~G99 已不够使用，所以有些数控系统的 G 功能字中的后续数字已经使用三位数。现在国际上实际使用的 G 功能字的标准化程度较低，只有 G00~G04、G17~G19、G40~G42 等的含义在各系统基本相同。有些数控系统规定可使用几类 G 指令，用户在编程时必须遵照机床编程说明书，不可张冠李戴。

3）尺寸字。尺寸字也称尺寸指令或坐标尺寸。尺寸字在程序段中主要用来指令机床的运动部件到达的坐标位置，表示暂停时间等指令也列入其中。地址符用得较多的有三组：第一组是 X、Y、Z、U、V、W、R 等，主要用于指令到达点的直线坐标尺寸，有些地址例如 X 还可用于在 G04 之后指定暂停时间；第二组是 A、B、C、D、E，主要用来指令到达点的角度坐标；第三组是 I、J、K，主要用来指令零件圆弧轮廓圆心点的坐标尺寸。尺寸字中地址符的使用虽然有一定规律，但是各系统往往还有一些差别。

4) 进给功能字。进给功能字的地址符用F，所以又称为F功能或F指令。它的功能是指令切削的进给速度。现在一般都能使用直接指定方式，即可用F后的数字直接指定进给速度。对于车床，G指令分为每分钟进给和主轴每转进给两种。

F指令在螺纹切削程序段中常用来指令螺纹的导程。

5) 主轴转速功能字。主轴转速功能字用来指定主轴的转速，单位为r/min，地址符使用S，所以又称为S功能或S指令。中档以上的数控机床的主轴驱动已采用主轴控制单元，其转速可以直接指令，即用S的后续数字直接表示每分钟主轴转速。例如，要求1300r/min，就指令S1300。对于中档以上的数控车床，还有一种使切削线速度保持不变的所谓恒线速度功能。这意味着在切削过程中，如果切削部位的回转直径不断变化，那么主轴转速也要不断地作相应变化。在这种场合，程序中的S指令指定车削加工的线速度。

6) 刀具功能字。刀具功能字用地址符T及随后的数字表示，所以也称为T功能或T指令。T指令主要用来指定加工时用的刀具号。例如，T1表示调用1号刀具进行切削加工。对于数控车床，其后的数字还兼作指定刀具长度补偿和刀尖圆弧半径补偿用。

7) 辅助功能字。辅助功能字由地址符M及随后1~2位数字组成，所以也称为M功能或M指令。它用来指令数控机床辅助装置的接通和断开（即开关动作），表示机床各种辅助动作及其状态。与G指令一样，M指令在实际使用中的标准化程度也不高。各种系统M代码含义的差别很大，但M00~M05及M30等的含义是一致的。随着机床数控技术的发展，两位数M代码已不够使用，所以当代数控机床已有不少使用三位数的M代码。常用M代码如下：

M00：程序暂停，在自动加工过程中，当程序运行至M00时，程序停止执行，主轴停，切削液关闭。

M01：计划暂停，程序中的M01通常与机床操作面板上的"任选停止按钮"配合使用，当"任选停止按钮"是"ON"时，执行M01时，与M00功能相同；当"任选停止按钮"是"OFF"时，执行M01时，程序不停止。

M03：主轴正转。

M04：主轴反转。

M05：主轴旋转停止。

M06：自动换刀。

M07：切削液开（喷雾状）。

M08：切削液开（切削液泵电动机开，喷液状）。

M09：切削液关（切削液泵电动机关）。

M02：程序停止，程序执行指针不会复位到起始位置。

M30：程序停止，程序执行指针复位到起始位置。

M98：子程序调用。

M99：子程序返回。

(3) 程序段格式　程序段是可作为一个单位来处理的连续字组，实际是数控加工程序中的一句。多数程序段用来指令机床完成（执行）某一个动作。程序的主体是由若干个程序段组成的，各程序段之间用程序段结束符分开。目前，大多数数控系统都使用字地址可变程序段格式，又称为字地址格式。对于这种格式，程序段由若干个字组成，且上一段程序中已写明、本程序段里又不必变化的那些字仍然有效，可以不再重写。具体地说，对于模态（续效）G 指令，在前面程序段中有时可不再重写。下面是某程序中的两个程序段：

N30　G01　X88.467　Z47.5　F0.4　S250　T0303　M03
N35　X75.4

这两段的程序字数相差甚大。绝大多数数控系统对程序段中各类字的排列不要求有固定的顺序，即在同一程序段中各程序字的位置可以任意排列。上述 N30 段也可写成：

N30　M03　T0303　S250　F0.4　Z47.5　X88.467　G01

当然，程序段还有很多种排列形式，它们对数控系统是等效的。在大多数场合，为了书写、输入、检查和校对的方便，程序字在程序段中习惯按一定的顺序排列，如 N、G、X、Y、Z、F、S、T、M 的顺序。

（4）加工程序的一般格式　常规加工程序由程序开始符（单列一段）、程序名（单列一段）、程序主体（若干段）、程序结束指令（一般单列一段）和程序结束符（单列一段）组成。

1）程序开始符和结束符。程序开始符和结束符是同一个字符，ISO 代码中是 %，EIA 代码中是 EP，书写时要单列一段。

2）程序名。程序名位于程序主体之前、程序开始符之后，一般独占一行。程序名有两种形式：一种由英文字母 O 和 1~4 位正整数组成；另一种由英文字母开头，是字母数字混合组成的。程序名用哪种形式是由数控系统决定的。

3）程序主体。程序主体是由若干个程序段组成的，每个程序段一般占一行。程序主体是数控加工所有操作信息的具体描述。

4）程序结束指令。程序结束指令可以用 M02 或 M30，一般要求单列一段。

加工程序的一般格式举例如下：

```
%                                              //开始符
O1000                                          //程序名
N10   G00   G54   X50    Y30    M03   S3000  ⎫
N20   G01   X88.1  Y30.2  F500   T02   M08   ⎬  // 程序主体
N30   X90                                     ⎪
…                                             ⎭
N300  M30                                      // 程序结束指令
%                                              // 结束符
```

数控系统常规加工程序中的正号可以省略。

1.2.3　指令介绍

1. 编程方式（G90/G91）

程序编制的格式是由所采用的数控系统来决定的。不同的系统，编制格式上是有区别的，所以在操作机床前应详细阅读数控系统操作说明书，以防出现错误。下面以 FANUC 0i 系统为例，介绍常用的编程指令。

在零件加工中，需要知道零件的各部分尺寸。在数控程序编制中，就要根据尺寸计算各点坐标。尺寸坐标的表示方法有绝对尺寸指令和增量尺寸指令两种。

绝对尺寸指机床运动部件（车床上，刀具为运动部件）的坐标尺寸值相对于工件坐标系原点来确定，与工件坐标系建在何处有关，如图1-26所示；增量尺寸指机床运动部件的坐标尺寸值相对于前一位置来确定，与工件坐标系建在何处无关，如图1-27所示。

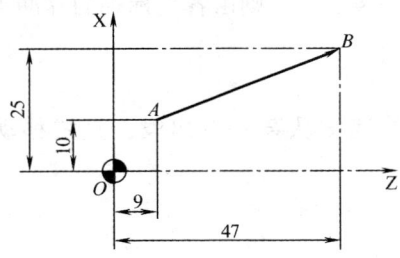

B点的X、Z的绝对坐标为（25，47）

图1-26 绝对尺寸

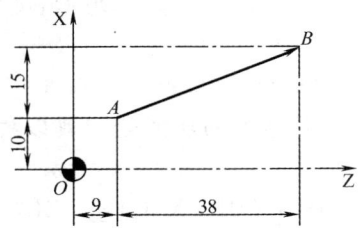

B点的X、Z增量坐标为（15，38）

图1-27 增量尺寸

在程序编制中，绝对尺寸指令和增量尺寸指令有两种表达方法。

第一种方式是在尺寸字X、Z前加G90或G91来表示是绝对尺寸还是增量尺寸，一般用于除数控车床以外的其他机床。

指令格式：G90　X＿＿　Z＿＿；
　　　　　G91　X＿＿　Z＿＿；

这种方式的特点是：表示坐标尺寸的地址符是相同的（需根据G90或G91来判断其后的坐标是绝对坐标还是增量坐标）；同一条程序段中只能用一种指令，不能混合使用。

如：G90　X25.0　Z47.0；　　　　X、Z后面的坐标为绝对坐标值
　　G91　X15.0　Z38.0；　　　　X、Z后面的坐标为增量坐标值

第二种方式是用不同的地址符来表示是绝对尺寸还是增量尺寸，如是绝对尺寸就用X、Z来表示，如是增量尺寸就用U、W来表示。此种方式一般用于数控车床，本系统也适用于该种方式。

指令格式：X＿＿　Z＿＿；　　　　X、Z后面的坐标为绝对坐标值
　　　　　U＿＿　W＿＿；　　　　U、W后面的坐标为增量坐标值

这种方式的特点是：表示坐标尺寸的地址符是不相同的；同一条程序段中绝对尺寸和增量尺寸可混合使用，编程方便。

如：X25.0　W38.0；
　　U15.0　Z47.0；

2. 快速定位指令G00

快速定位指令的功能是控制刀具以点位控制的方式快速移动到目标位置。

指令格式：G00　X（U）＿＿　Z（W）＿＿；

其中　X、Z——刀具要到达的目标点的绝对值坐标；
　　　U、W——刀具要到达的目标点相对于前一点的增量坐标。

说明：

1）G00指令只能用作刀具从一点到另一点的快速定位，不能加工，刀具在空行程移动

时采用。它的移动速度不是由程序来设定的,而是机床出厂时由生产厂家设置默认的。

2)G00 是模态指令,一旦前面程序指定了 G00,紧接后面的程序段可不再写,只需写出移动坐标即可。

3)G00 执行过程是刀具从某一点开始加速移动至最大速度,保持最大速度,最后减速到达终点。至于刀具快速移动的轨迹是一条直线还是一条折线,则由各坐标轴的脉冲当量来决定。

3. 直线插补指令 G01

直线插补指令的功能是刀具以程序中设定的进给速度从某一点出发,直线移动到目标点。

指令格式:G01　X(U)__　Z(W)__　F__;

其中　X、Z——刀具要到达的目标点的绝对值坐标;

　　　U、W——刀具要到达的目标点相对于前一点的增量坐标;

　　　F——刀具的进给速度。

说明:

1)G01 指令是在刀具加工直线轨迹时采用的,如车外圆、端面、内孔和切槽等。

2)机床执行直线插补指令时,程序段中必须有 F 指令。刀具移动的快慢由 F 后面的数值大小来决定。

3)G01 和 F 都是模态指令,前一段已指定,后面的程序段都可不再重写,只需写出移动坐标值。

如图 1-28 所示,加工直线 $A \to B$,程序可以写成如下形式。

G01　X50.0　Z-50.0F0.2;
G01　U20.0　W-50.0F0.2;
G01　X50.0　W-50.0F0.2;
G01　U20.0　Z-50.0F0.2;

4. M 指令

M00:程序暂停,可用 NC 启动命令(CYCLE START)使程序继续运行。

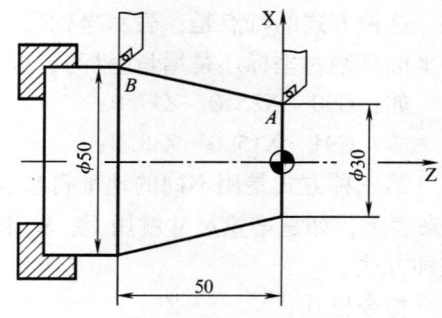

图 1-28　直线插补实例

M01:计划暂停,与 M00 作用相似,但 M01 可以用机床"任选停止按钮"选择是否有效。

M03:主轴顺时针旋转。

M04:主轴逆时针旋转。

M05:主轴旋转停止。

M08:切削液开。

M09:切削液关。

M30:程序停止,程序复位到起始位置。

5. 进给速度指令

进给速度指令的功能是指定刀具移动的进给快慢,分为每转进给和每分钟进给两种方式。

(1)每转进给方式(G99)

指令格式：G99　F＿；

该指令表示在 G99 后面的 F 指定的是主轴转一转刀具沿着进给方向移动的距离，单位是 mm/r，如图 1-29 所示。该指令为模态指令，在程序中指定后，直到 G98 被指定前，一直有效。

（2）每分钟进给方式（G98）

指令格式：G98　F＿；

该指令表示在 G98 后面的 F 指定的是刀具每分钟移动的距离，单位是 mm/min，如图 1-30 所示。该指令也为模态指令，在程序中指定后，直到 G99 被指定前，一直有效。

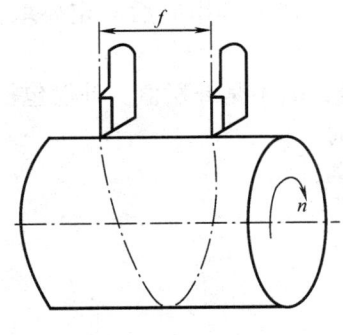

图 1-29　G99 进给量

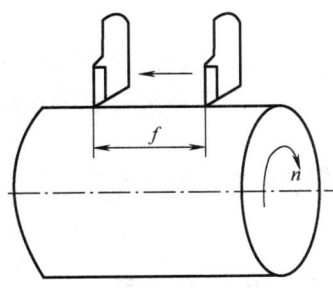

图 1-30　G98 进给量

6. 主轴速度控制指令

主轴速度控制指令的功能是控制主轴速度的快慢，分为恒转速控制和恒线速控制两种方式。

（1）恒转速控制

指令格式：G97　S＿；

该指令中的 S 指定的是主轴转速，单位为 r/min。此状态一般为数控车床的默认状态，通常在一般加工情况下都采用此种方式，特别是车削螺纹时，必须设置成恒转速控制方式。

如 G97　S1200；表示设定的主轴转速为 1200r/min。

（2）恒线速控制

指令格式：G96　S＿；

该指令中的 S 指定的是主轴的线速度，单位为 m/min。此指令一般在车削盘类零件的端面或零件直径变化较大的情况下采用，这样可保证直径变化，但主轴的线速度不变，从而保证切削速度不变，使得工件的表面质量保持一致。

如 G96　S250　表示设定的线速度控制在 250m/min。

（3）最高转速限制

指令格式：G50　S＿；

该指令中的 S 与 G97 中的 S 表示的一样，都是主轴转速的大小。当采用 G96 方式加工零件时，线速度保持不变，但直径逐渐变小时，主轴转速会越来越高。为防止主轴转速太高，离心力过大，产生危险以及影响机床的使用寿命，采用此指令可限制主轴的最高转速。此指令一般与 G96 指令配合使用。

如 G50　S2000；表示最高转速限制在 2000r/min。

7. 刀具控制指令

刀具控制指令的功能是用于选择所需的相应刀具。加工工件时，需用多把刀具，就必须根据工件的加工顺序给每把刀具赋予一个编号，在程序中指令不同的编号时就选择相应的刀具。

指令格式：T××××；

其中，T 后面的数值表示所选择的刀具号码。一般数控车床 T 后面用四位数字表示，前两位是刀具号，后两位是刀具补偿号。

说明：

1）刀具号与补偿号一般可对应标注，如：T0101，该把刀具用完后一定要取消刀补，应表示为：T0100。

2）后两位的刀具补偿号只是补偿值的寄存器地址号，而不是补偿值。补偿包括的长度补偿和刀尖圆弧半径补偿只能在刀补参数表中输入或查询。

1.3 车削方案实施

1.3.1 加工方式的确定

在数控加工中，刀具相对于工件的运动轨迹和方向称为加工走刀路线，即刀具从起刀点开始运动起，直至结束加工程序所经过的路径，包括切削加工的路径及刀具引入、返回等非切削空行程。加工路线的确定首先必须保证被加工零件的尺寸精度和表面质量，其次考虑数值计算简单，走刀路线尽量短，效率较高等。

圆柱表面的加工通常采用矩形走刀路线的加工方式。

1.3.2 走刀路线的确定

粗车圆柱表面的走刀路线如图 1-31 所示，其基点坐标见表 1-1。
精车圆柱表面的走刀路线如图 1-32 所示，其基点坐标见表 1-2。
切断的走刀路线如图 1-33 所示，其基点坐标见表 1-3。

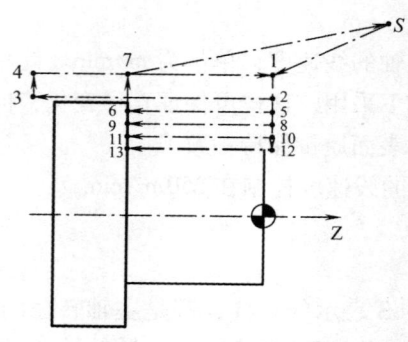

图 1-31 粗车圆柱表面的走刀路线

表 1-1　粗车圆柱表面的基点坐标

序 号	X 坐标	Z 坐标	序 号	X 坐标	Z 坐标
S	200	100	7	61	−36
1	70	3	8	51	3
2	61	3	9	51	−36
3	61	−57	10	46	3
4	70	−57	11	46	−36
5	56	3	12	41	3
6	56	−36	13	41	−36

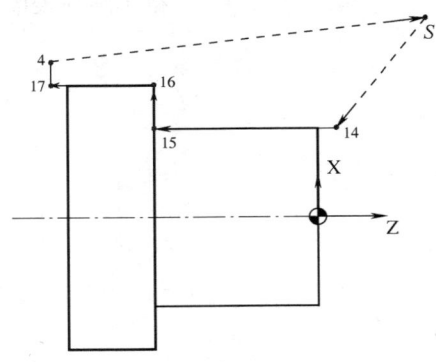

图 1-32　精车圆柱表面的走刀路线

表 1-2　精车圆柱表面基点坐标

序 号	X 坐标	Z 坐标
S	200	100
14	40	3
15	40	−36
16	60	−36
17	60	−60
4	70	−60

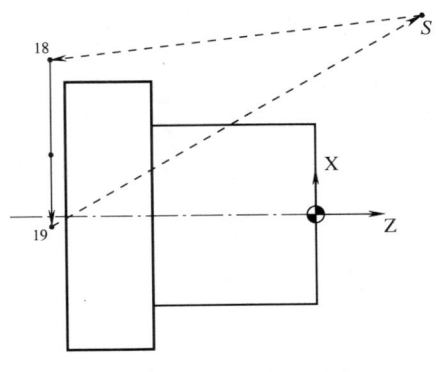

图 1-33　切断的走刀路线

表 1-3 切断基点坐标

序 号	X 坐标	Z 坐标
S	200	100
18	70	-59
19	-1	-59

1.3.3 编制程序

该零件的加工参考程序如下：
O0001；
G00　X200　Z50　T0101；　　　　　　　粗车圆柱表面
M03　S550；
G00　X70　Z3；
G00　X61　Z3；
G01　X61　Z-60　F0.3；
G01　X70；
G00　Z3；
G00　X56；
G01　Z-36；
G01　X70；
G00　Z3；
G00　X51；
G01　Z-36；
G01　X70；
G00　Z3；
G00　X46；
G01　Z-36；
G01　X70；
G00　Z3；
G00　X41；
G01　Z-36；
G00　X70；
G00　X200　Z50　T0100；
T0202；　　　　　　　　　　　　　　　精车圆柱表面
G00　X40　Z3　S850；
G01　Z-36　F0.15；
G01　X60；
G01　Z-60；
G01　X70；

```
G00   X200   Z50   T0200;
T0303;                                    切断
G00   X70   Z－59 S300;
G01   X－1   F0.1;
G00   X200   Z50;
M30;
```

1.3.4 加工仿真软件

加工仿真是通过仿真软件来全程模拟真实的加工过程，达到全面检查走刀轨迹、程序和加工质量的目的。下面以上海宇龙软件公司提供的 FUNAC 0i 车床标准面板操作为例，首先具体介绍车削加工的加工仿真知识。

1. 面板按钮说明

数控机床的操作面板主要包括两部分，即 MDI 键盘和机床操作面板。其中 MDI 键盘主要用于程序编辑和参数设置等，而机床操作面板主要用于对机床的调整和控制。如图 1-34 所示，上半部分是 MDI 键盘，下半部分是机床操作面板。

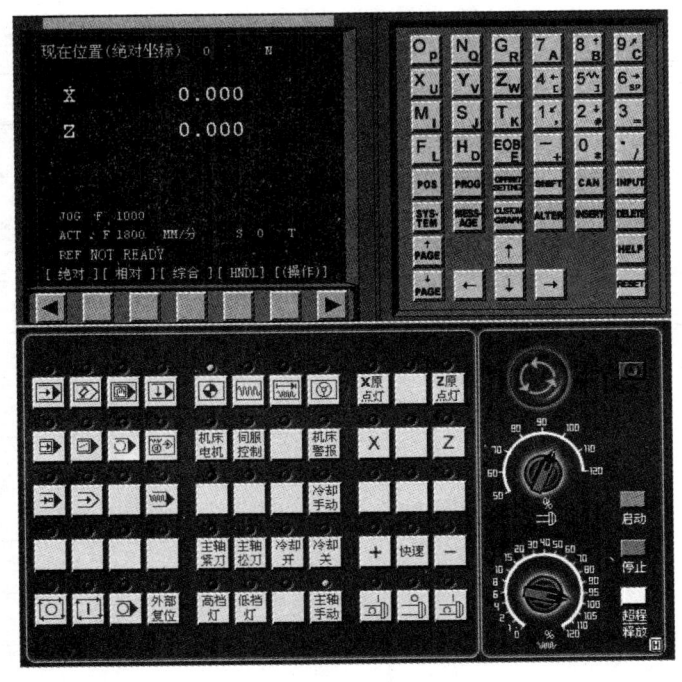

图 1-34　机床操作面板

（1）MDI 键盘说明　MDI 键盘用于程序编辑和参数输入等功能。MDI 键盘上各个键的功能列于表 1-4。

（2）机床操作面板功能介绍　机床操作面板用于操作者调整机床，实现加工等功能。机床操作面板的具体功能见表 1-5。

表 1-4 MDI 键盘上各键的功能

MDI 软键	功　能
PAGE↑ PAGE↓	软键 PAGE↑ 实现左侧 CRT 中显示内容的向上翻页；软键 PAGE↓ 实现左侧 CRT 显示内容的向下翻页
↑ ← ↓ →	移动 CRT 中的光标位置。软键 ↑ 实现光标的向上移动；软键 ↓ 实现光标的向下移动；软键 ← 实现光标的向左移动；软键 → 实现光标的向右移动
O/P N/Q G/R X/U Y/V Z/W M/I S/J T/K F/L H/D EOB/E	实现字符的输入，单击 SHIFT 键后再单击字符键，将输入右下角的字符。例如，单击 O/P 将在 CRT 的光标所处位置输入"O"字符，单击软键 SHIFT 后再单击 O/P，将在光标所处位置处输入 P 字符；单击软键中的"EOB"将输入"；"号，表示换行结束
7/A 8/B 9/C 4/↑ 5/↓ 6/SP 1/← 2/→ 3/= -/+ 0/* ./#	实现字符的输入。例如，单击软键 5/↓ 将在光标所在位置输入"5"字符，单击软键 SHIFT 后再单击 5/↓，将在光标所在位置处输入"]"
POS	在 CRT 中显示坐标值
PROG	CRT 将进入程序编辑和显示界面
OFFSET SETTING	CRT 将进入参数补偿显示界面
SYSTEM	本软件不支持
MESSAGE	本软件不支持
CUSTOM GRAPH	在自动运行状态下将数控显示切换至轨迹模式
SHIFT	输入字符切换键
CAN	删除单个字符
INPUT	将数据域中的数据输入到指定的区域
ALTER	字符替换
INSERT	将输入域中的内容输入到指定区域
DELETE	删除一段字符
HELP	本软件不支持
RESET	机床复位

表 1-5 机床操作面板的功能

按　钮	名　称	功 能 说 明
▶	自动运行	按下此按钮后，系统进入自动加工模式
◇	编辑	按下此按钮后，系统进入程序编辑状态，用于直接通过操作面板输入数控程序和编辑程序

(续)

按钮	名称	功能说明
	MDI	按下此按钮后,系统进入MDI模式,手动输入并执行指令
	远程执行	按下此按钮后,系统进入远程执行模式即DNC模式,输入输出资料
	单节	按下此按钮后,运行程序时每次执行一条数控指令
	单节忽略	按下此按钮后,数控程序中的注释符号"/"有效
	选择性停止	按下此按钮后,"M01"代码有效
	机械锁定	锁定机床
	试运行	机床进入空运行状态
	进给保持	程序运行暂停。在程序运行过程中,按下此按钮运行暂停。按"循环启动"按钮恢复运行
	循环启动	程序运行开始。系统处于"自动运行"或"MDI"位置时按下有效,其余模式下使用无效
	循环停止	程序运行停止。在数控程序运行中,按下此按钮停止程序运行
	回原点	机床处于回零模式。机床必须首先执行回零操作,然后才可以运行
	手动	机床处于手动模式,可以手动连续移动
	增量进给	机床处于增量进给模式
	手动脉冲	机床处于手轮控制模式
X	X轴选择按钮	在手动状态下,按下该按钮则机床移动X轴
Z	Z轴选择按钮	在手动状态下,按下该按钮则机床移动Z轴
+	正方向移动按钮	手动状态下,单击该按钮,系统将向所选轴正向移动;在回零状态时,单击该按钮,将所选轴回零
-	负方向移动按钮	手动状态下,单击该按钮,系统将向所选轴负向移动
快速	快速按钮	按下该按钮,机床处于手动快速状态
	主轴倍率选择旋钮	将光标移至此旋钮上后,通过单击鼠标的左键或右键来调节主轴旋转倍率
	进给倍率	调节主轴运行时的进给速度倍率
	急停按钮	按下急停按钮,使机床移动立即停止,并且所有的输出如主轴的转动等都会关闭
	超程释放	系统超程释放

（续）

按钮	名称	功能说明
	主轴控制按钮	从左至右分别为：正转、停止、反转
	手轮显示按钮	按下此按钮，则可以显示出手轮面板
	手轮面板	单击 H 按钮将显示手轮面板
	手轮轴选择旋钮	手轮模式下，将光标移至此旋钮上后，通过单击鼠标的左键或右键来选择进给轴
	手轮进给倍率旋钮	手轮模式下将光标移至此旋钮上后，通过单击鼠标的左键或右键来调节手轮步长。X1、X10 和 X100 分别代表移动量为 0.001mm、0.01mm 和 0.1mm
	手轮	将光标移至此旋钮上后，通过单击鼠标的左键或右键来转动手轮
	启动	启动控制系统
	停止	关闭控制系统

2. 基本操作

（1）开机　单击"启动"按钮 ，此时车床电动机和伺服控制的指示灯变亮  。检查"急停"按钮是否松开至  状态，若未松开，单击"急停"按钮  ，将其松开。

（2）回参考点　检查操作面板上的回原点指示灯  是否亮，若指示灯亮，则已进入回原点模式；若指示灯不亮，则单击"回原点"按钮  ，转入回原点模式。在回原点模式下，先将 X 轴回原点，单击操作面板上的"X 轴选择"按钮 ，使 X 轴方向移动指示灯  变亮，再单击"正方向移动"按钮 ，此时 X 轴将回原点，X 轴回原点指示灯  变亮，CRT 上的 X 坐标变为"390.00"。同样，再单击"Z 轴选择"按钮  ，使指示灯变亮，然后单击 ，Z 轴将回原点，Z 轴回原点指示灯  变亮。

（3）机床位置界面　单击 进入坐标位置界面。依次单击菜单软键［绝对］、［相对］、［综合］，CRT 界面将对应相对坐标界面（见图 1-35）、绝对坐标界面（见图 1-36）和综合坐标界面（见图 1-37）。

（4）程序管理

1）导入数控程序。数控程序可以通过记事本或写字板等编辑软件输入并保存为文本格式（*.txt 格式）文件，也可直接用 FANUC 0i 系统的 MDI 键盘输入。

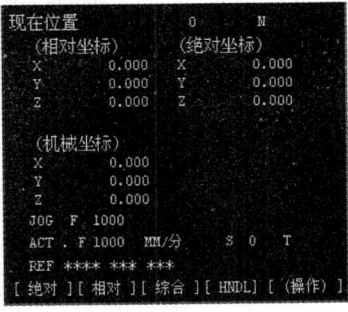

图 1-35　相对坐标界面　　　图 1-36　绝对坐标界面　　　图 1-37　综合坐标界面

单击操作面板上的编辑键，编辑状态指示灯变亮，此时已进入编辑状态。单击 MDI 键盘上的按钮，CRT 界面转入编辑页面。再按菜单软键［操作］，在出现的下级子菜单中按软键，再按菜单软键［READ］，转入如图 1-38 所示的界面，单击 MDI 键盘上的数字/字母键，输入"O×"（×为任意不超过四位的数字），按软键［EXEC］；单击菜单"机床/DNC 传送"，在弹出的对话框（见图 1-39）中选择所需的 NC 程序，按"打开"按钮，则数控程序被导入并显示在 CRT 界面上。

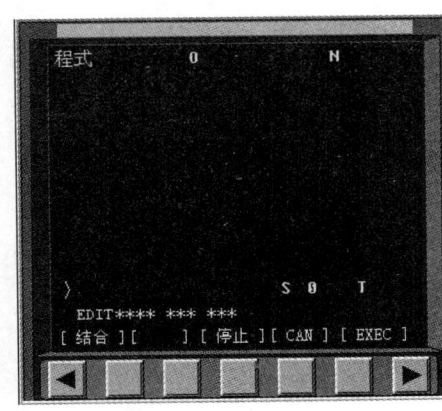
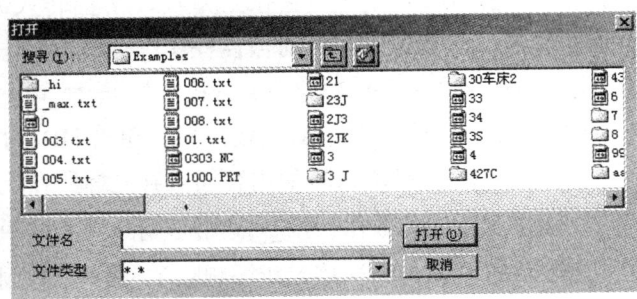

图 1-38　编辑界面　　　　　　　　图 1-39　弹出的对话框

2) 显示数控程序目录。经过导入数控程序操作后，单击操作面板上的编辑键，编辑状态指示灯变亮，此时已进入编辑状态。单击 MDI 键盘上的按钮，CRT 界面转入编辑页面。按菜单软键［LIB］，经过 DNC 传送的数控程序名列表显示在 CRT 界面上，如图 1-40 所示。

3) 选择一个数控程序。经过导入数控程序操作后，单击 MDI 键盘上的按钮，CRT 界面转入编辑页面。利用 MDI 键盘输入"O×"（×为数控程序目录中显示的程序号），按键开始搜索，搜索到后"O×"显示在屏幕首行程序号位置，NC 程序将显示在屏幕上。

4）删除一个数控程序。单击操作面板上的编辑键 ![], 编辑状态指示灯 ![] 变亮, 此时已进入编辑状态。利用 MDI 键盘输入 "O×"（×为要删除的数控程序在目录中显示的程序号），按 ![DELETE] 键, 程序即被删除。

5）新建一个 NC 程序。单击操作面板上的编辑键 ![], 编辑状态指示灯 ![] 变亮, 此时已进入编辑状态。单击 MDI 键盘上的 ![PROG] 按钮, CRT 界面转入编辑页面。利用 MDI 键盘输入 "O×"（×为程序号, 但不能与已有程序号重复），按 ![INSERT] 键, CRT 界面上将显示一个空程序, 可以通过 MDI 键盘开始程序的输入。输入一段代码后, 按 ![INSERT] 键则数据输入域中的内容将显示在 CRT 界面上, 结束一行的输入后用回车换行键 ![EOB] 换行。

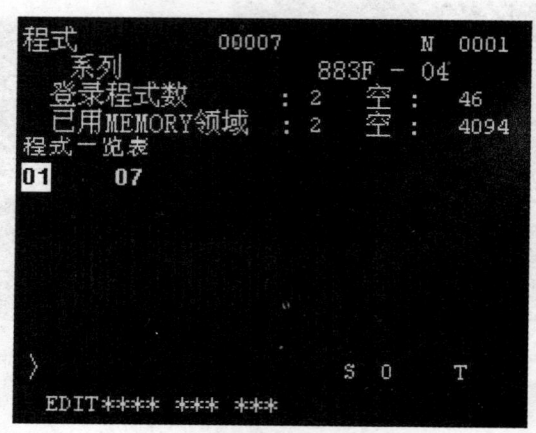

图 1-40　CRT 界面

6）删除全部数控程序。单击操作面板上的编辑键 ![], 编辑状态指示灯 ![] 变亮, 此时已进入编辑状态。单击 MDI 键盘上的 ![PROG] 按钮, CRT 界面转入编辑页面。利用 MDI 键盘输入 "O-9999", 按 ![DELETE] 键, 全部数控程序即被删除。

7）程序编辑。单击操作面板上的编辑键 ![], 编辑状态指示灯 ![] 变亮, 此时已进入编辑状态。单击 MDI 键盘上的 ![PROG] 按钮, CRT 界面转入编辑页面。选定了一个数控程序后, 此程序显示在 CRT 界面上, 可对数控程序进行编辑操作。

移动光标：按 ![PAGE↑] 和 ![PAGE↓] 键翻页, 按方位键 ![↑]![↓]![←]![→] 移动光标。

插入字符：先将光标移到所需位置, 单击 MDI 键盘上的数字/字母键, 将代码输入到输入域中, 按 ![INSERT] 键, 把输入域的内容插入到光标所在代码的后面。

删除输入域中的数据：按 ![CAN] 键用于删除输入域中的数据。

删除字符：先将光标移到所需删除字符的位置, 按 ![DELETE] 键, 删除光标所在位置的代码。

查找：输入要搜索的字母或代码, 按 ![↓] 开始在当前数控程序中光标所在位置后搜索（代码可以是一个字母或一个完整的代码, 如 "N0010" "M" 等）。如果此数控程序中包含所搜索的代码, 则光标停留在找到的代码处; 如果此数控程序中光标所在位置后不包含所搜索的代码, 则光标停留在原处。

替换：先将光标移到所需替换字符的位置, 将替换成的字符通过 MDI 键盘输入到输入域中, 按 ![ALTER] 键, 输入域的内容将替代光标所在处的代码。

8）保存程序。编辑好程序后需要进行保存操作。

单击操作面板上的编辑键 ![], 编辑状态指示灯 ![] 变亮, 此时已进入编辑状态。按菜单软键 [操作], 在下级子菜单中按菜单软键 [Punch], 在弹出的对话框中输入文件名, 选择文件类型和保存路径,按"保存"按钮,如图1-41所示。

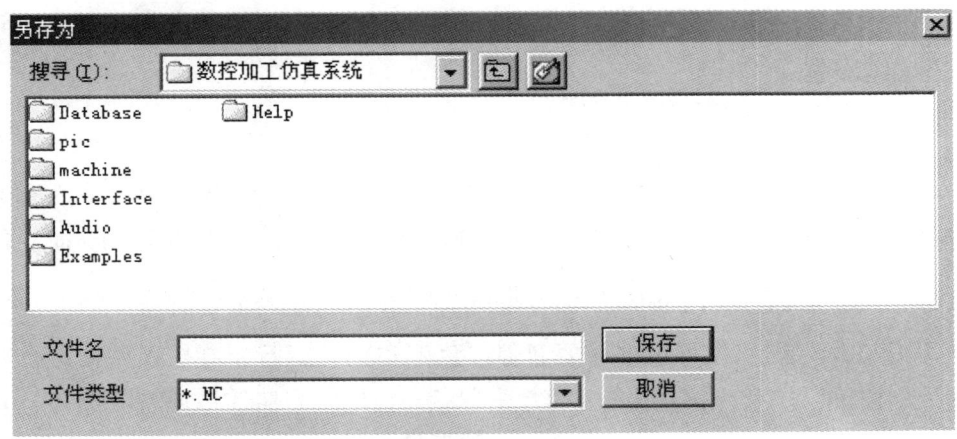

图1-41 "另存为"对话框

(5) MDI模式 单击操作面板上的MIDI键![], 使其指示灯变亮, 进入MDI模式。在MDI键盘上按![PROG]键, 进入编辑页面。输入数据指令, 在输入键盘上单击数字/字母键, 可以作取消、插入、删除等修改操作。按数字/字母键键入字母"O", 再键入程序号, 但不可以与已有程序号重复。输入程序后, 用回车换行键![EOB]结束一行的输入后换行。移动光标按上下方向键![PAGE PAGE]翻页, 按方位键![↑][↓][←][→]移动光标, 再按![CAN]键, 删除输入域中的数据; 按![DELETE]键, 删除光标所在位置的代码。按键盘上的![INSERT]键, 输入所编写的数据指令。输入完整数据指令后, 按循环启动按钮![]运行程序, 按![RESET]按钮清除输入的数据。

(6) 手动方式

1) 手动连续方式。单击操作面板上的"手动"按钮![], 使其指示灯![]亮, 机床进入手动模式。分别单击![X]和![Z]键, 选择移动的坐标轴; 再分别单击![+]和![-]键, 控制机床的移动方向; 单击![][][]控制主轴的转动和停止。

注:刀具切削零件时,主轴需转动。加工过程中刀具与零件发生非正常碰撞后(非正常碰撞包括车刀的刀柄与零件发生碰撞、铣刀与夹具发生碰撞等),系统弹出警告对话框,同时主轴自动停止转动,调整到适当位置,继续加工时需再次单击![][][]按钮,使主轴重新转动。

2) 手动脉冲方式。在手动/连续方式或在对刀需精确调节机床时,可用手动脉冲方式调节机床。单击操作面板上的"手动脉冲"按钮![]或![], 使指示灯![]变亮; 单击按钮![], 显示手轮![]; 鼠标对准"轴选择"旋钮![], 单击左键或右键, 选择坐标轴; 鼠标对准"手轮进给速度"旋钮![], 单击左键或右键, 选择合适的脉冲当量; 鼠标

对准手轮 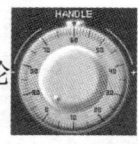，单击左键或右键，精确控制机床的移动；单击 ▢▢▢ 控制主轴的转动和停止；单击 ▢，可隐藏手轮。

（7）自动加工方式

1）自动连续方式。自动加工流程：检查机床是否回零，若未回零，先将机床回零；导入数控程序或自行编写一段程序；单击操作面板上的"自动运行"按钮▢，使其指示灯▢变亮；单击操作面板上的"循环启动"按钮▢，程序开始执行。

数控程序在运行过程中可根据需要暂停、急停和重新运行。数控程序在运行时，按"进给保持"按钮▢，程序停止执行；再单击"循环启动"按钮▢，程序从暂停位置开始执行。数控程序在运行时，按下"急停"按钮▢，数控程序中断运行；继续运行时，先将急停按钮松开，再按"循环启动"按钮▢，余下的数控程序从中断行开始作为一个独立的程序执行。

2）自动/单段方式。检查机床是否回零。若未回零，先将机床回零，再导入数控程序或自行编写一段程序；单击操作面板上的"自动运行"按钮▢，使其指示灯▢变亮；单击操作面板上的"单节"按钮▢；单击操作面板上的"循环启动"按钮▢，程序开始执行。

注：自动/单段方式执行每一行程序均需单击一次"循环启动"按钮▢。

注：单击"单节忽略"按钮▢，则程序运行时跳过符号"/"有效，该行成为注释行，不执行。

单击"选择性停止"按钮▢，则程序中 M01 有效。

可以通过"主轴倍率选择"旋钮  和"进给倍率"旋钮 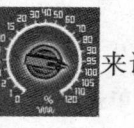 来调节主轴旋转的速度和移动的速度。按 ▢ 键可将程序重置。

（8）检查运行轨迹　NC 程序导入后，可检查运行轨迹。

单击操作面板上的"自动运行"按钮▢，使其指示灯▢变亮，转入自动加工模式，单击 MDI 键盘上的▢按钮，单击数字/字母键，输入"O×"（×为所需要检查运行轨迹的数控程序号），按 ↓ 开始搜索，找到后，程序显示在 CRT 界面上。单击▢按钮，进入检查运行轨迹模式，单击操作面板上的"循环启动"按钮▢，即可观察数控程序的运行轨迹。此时也可通过"视图"菜单中的动态旋转、动态放缩、动态平移等方式对三维运行轨迹进行全方位的动态观察。

3. 对刀方法介绍

（1）G54～G59 参数设置　在 MDI 键盘上单击▢键，按菜单软键［坐标系］，进入坐标系参数设定界面，输入"0×"（01表示G54，02表示G55，以此类推），按菜单软键［No 检索］，光标停留在选定的坐标系参数设定区域，如图1-42所示。也可以用方位键 ↑↓←→选择所需的坐标系和坐标轴。利用MDI键盘输入通过对刀所得到的工件坐标原 点在机床坐标系中的坐标值。设通过对刀得到的工件坐标原点在机床坐标系中的坐标值 （如 -500， -415， -404），则首先将光标移到G54坐标系X的位置，在MDI键盘上输入 "-500.00"，按菜单软键［输入］或按 INPUT 按钮，参数输入到指定区域。按 CAN 键可逐个删除 输入域中的字符；单击 ↓，将光标移到Y的位置，输入"-415.00"，按菜单软键［输入］ 或按 INPUT 按钮，参数输入到指定区域；同样可以输入Z坐标值，此时CRT界面如图1-43 所示。

注：X坐标值为 -100，需输入"X-100.00"；若输入"X-100"，则系统默认为 -0.100。如果按软键"+输入"，键入的数值将和原有的数值相加以后输入。

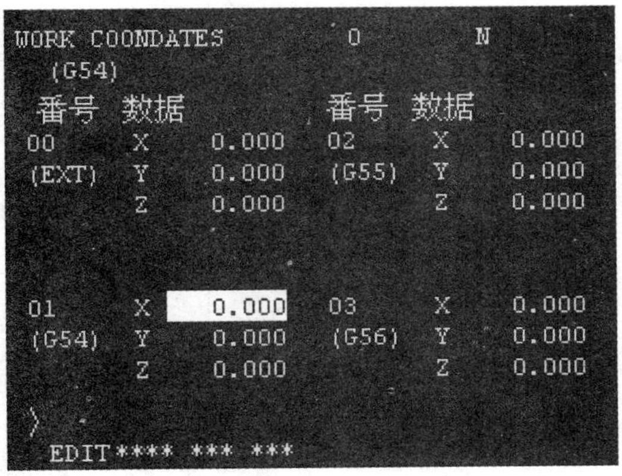

图1-42　参数设定界面 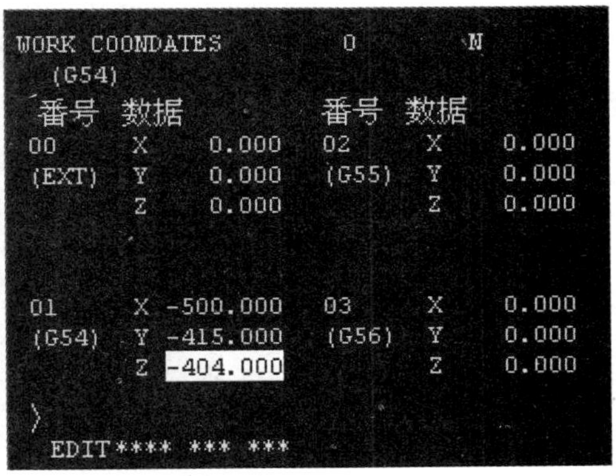　　　　　　　　　图1-43　CRT界面

（2）车床刀具补偿参数　车床的刀具补偿包括刀具的磨耗量补偿参数和形状补偿参数，两者之和构成车刀偏置量补偿参数。

输入磨耗量补偿参数：刀具使用一段时间后产生磨损，会使产品尺寸产生误差，因此需要对刀具设定磨耗量补偿，其步骤如下：

在MDI键盘上单击 OFFSET SETTING 键，进入磨耗补偿参数设定界面，如图1-44所示。

用方位键 ↑↓ 选择所需的番号，并用 ←→ 确定所需补偿的值。

单击数字键，输入补偿值到输入域。

按菜单软键［输入］或按 INPUT 按钮，参数输入到指定区域。按 CAN 键逐字删除输入域中的字符。

输入形状补偿参数：在MDI键盘上单击 OFFSET SETTING 键，进入形状补偿参数设定界面，如图1-45 所示，用方位键 ↑↓ 选择所需的番号，并用 ←→ 确定所需补偿的值。

单击数字键，输入补偿值到输入域。按菜单软键［输入］或按 INPUT 按钮，参数输入到指定区域。按 CAN 键逐字删除输入域中的字符。

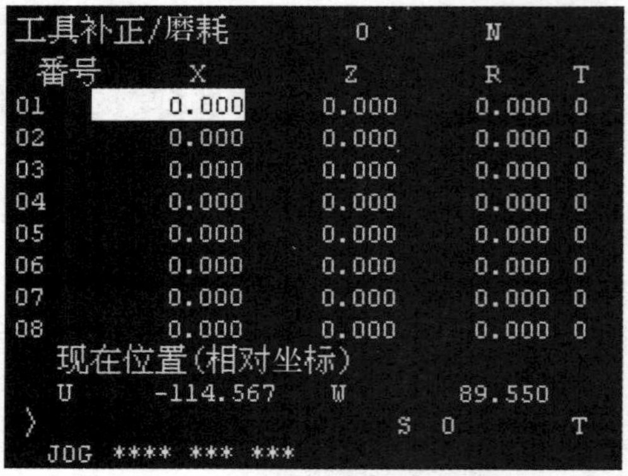

图 1-44　磨耗补偿参数设定界面 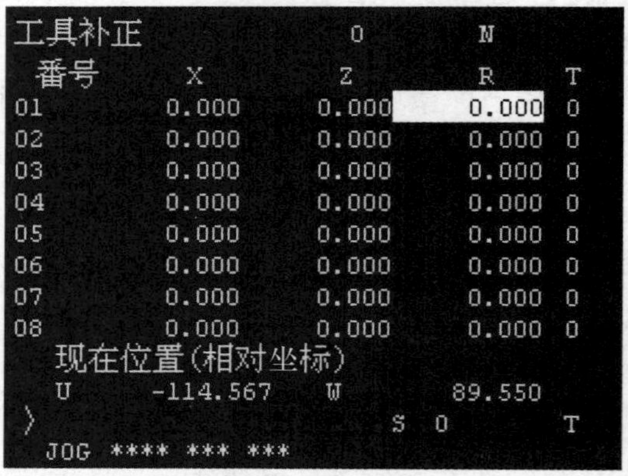　　　　图 1-45　形状补偿参数设定界面

输入刀尖半径和方位号：分别把光标移到 R 和 T，按数字键输入半径或方位号，按菜单软键［输入］。

（3）试切法设置 G54～G59　测量工件原点，直接输入工件坐标系 G54～G59。

1）切削外径。单击操作面板上的"手动"按钮，手动状态指示灯变亮，机床进入手动操作模式，单击控制面板上的 X 按钮，使 X 轴方向移动指示灯 X 变亮，单击 + 或 -，使机床在 X 轴方向移动；同样使机床在 Z 轴方向移动，通过手动方式将机床移到如图 1-46 所示的大致位置。

单击操作面板上的 或 按钮，使其指示灯变亮，主轴转动；再单击"Z 轴选择"按钮 Z，使 Z 轴方向指示灯 Z 变亮，单击 -，用所选刀具来试切工件外圆，如图 1-47 所示；然后按 + 按钮，X 方向保持不动，刀具退出。

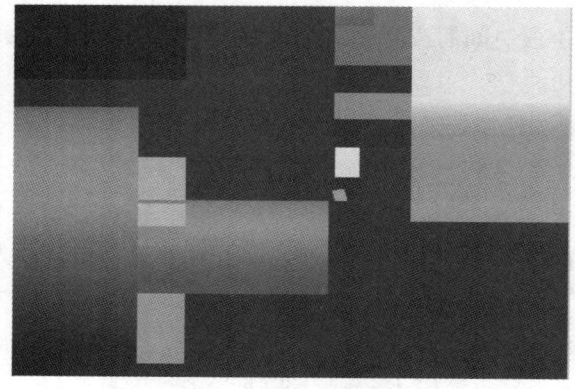
图 1-46　机床移动的位置

图 1-47　试切工件外圆

测量切削位置的直径：单击操作面板上的按钮，使主轴停止转动，单击菜单中的"测量/坐标测量"项，如图1-48所示，单击试切外圆时所切线段，选中的线段由红色变为黄色。记下下半部对话框中对应的X值（即直径），按下操作面板上的 键，把光标定位在需要设定的坐标系上，光标移到X，输入直径值，按菜单软键［测量］（通过按软键［操作］，可以进入相应的菜单）。

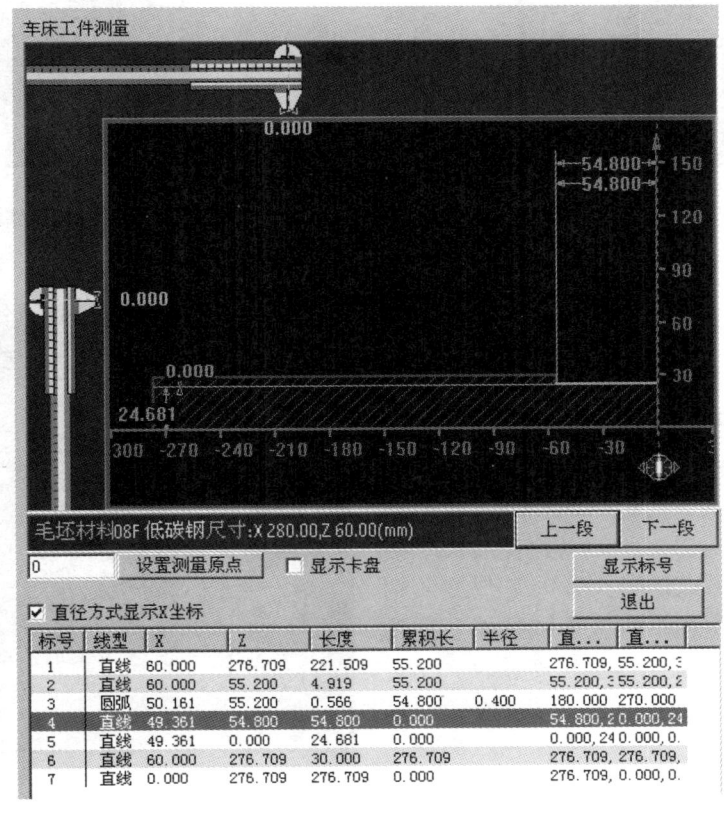

图1-48 "车床工件测量"对话框

2）切削端面。单击操作面板上的 或 按钮，使其指示灯变亮，主轴转动。将刀具移至如图1-49所示的位置，单击控制面板上的 按钮，使X轴方向移动指示灯 变亮，单击 按钮，切削工件端面，如图1-50所示；然后按 按钮，Z方向保持不动，刀具退出。

单击操作面板上的"主轴停止"按钮 ，使主轴停止转动，把光标定位在需要设定的坐标系上。在MDI键盘面板上按下需要设定的轴"Z"键，输入工件坐标系原点的距离（注意距离有正负号），按菜单软键［测量］，自动计算出坐标值并填入。

使用这个方法对刀，在程序中直接使用机床坐标系原点作为工件坐标系原点。

用所选刀具试切工件外圆，单击"主轴停止"按钮 ，使主轴停止转动，单击菜单中的"测量/坐标测量"项，得到试切后的工件直径，记为 α。

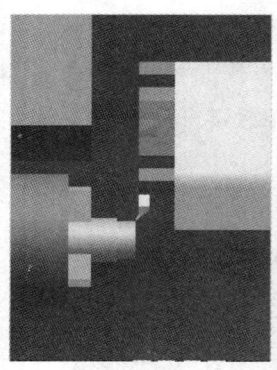

图 1-49 刀具移至的位置

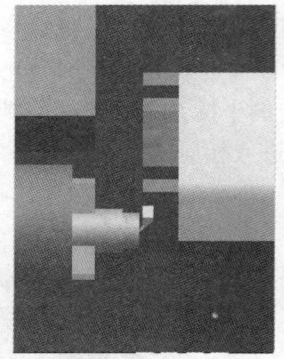

图 1-50 切削工件端面

（4）测量、输入刀具偏移量　保持 X 轴方向不动，刀具退出。单击 MDI 键盘上的 [OFFSET SETTING] 键，进入形状补偿参数设定界面，将光标移到与刀位号相对应的位置，输入 Xα，按菜单软键 [测量]，对应的刀具偏移量自动输入。试切工件端面，把端面在工件坐标系中 Z 的坐标值记为 β（此处以工件端面中心点为工件坐标系原点，则 β 为 0）。保持 Z 轴方向不动，刀具退出。进入形状补偿参数设定界面，将光标移到相应的位置，输入 Zβ，按 [测量] 软键（见图 1-51），对应的刀具偏移量自动输入。

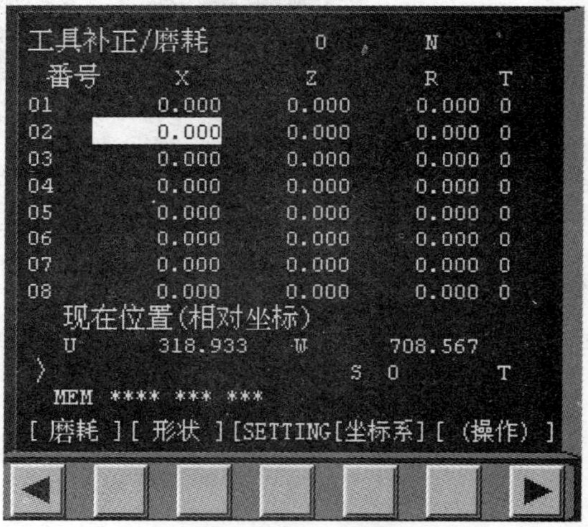

图 1-51 确定刀具偏移量

（5）设置偏置值完成多把刀具对刀

1）方法一：选择一把刀为标准刀具，采用试切法或自动设置坐标系法完成对刀，把工件坐标系原点放入 G54 ~ G59，然后通过设置偏置值完成其他刀具的对刀。下面介绍刀具偏置值的获取办法。

单击 MDI 键盘上的 [POS] 键和 [相对] 软键，进入相对坐标显示界面，如图 1-52 所示。用选定的标准刀具试切工件端面，将刀具当前的 Z 轴位置设为相对零点（设零前不得有 Z 轴位移）。依次单击 MDI 键盘上的 [SHIFT]、[Zw] 和 [0] 键，输入 "W0"，按软键 [预定]，则将 Z 轴当前坐标值设为相对坐标原点。

用标准刀具试切零件外圆：将刀具当前 X 轴的位置设为相对零点（设零前不得有 X 轴的位移），依次单击 MDI 键盘上的 [SHIFT]、[Xu] 和 [0] 键，输入 "U0"，按软键 [预定]，

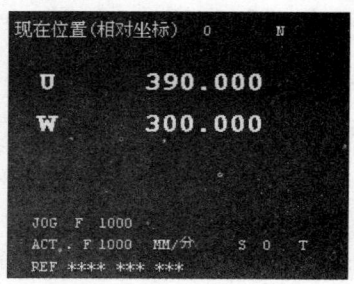

图 1-52 相对坐标显示界面

则将 X 轴当前坐标值设为相对坐标原点，此时 CRT 界面如图 1-53 所示。

换刀后，移动刀具使刀尖分别与标准刀具切削过的表面接触。接触时显示的相对值即为该刀具相对于标准刀具的偏置值 ΔX 和 ΔZ（为保证刀具准确移到工件的基准点上，可采用手动脉冲进给方式）。此时 CRT 界面如图 1-54 所示，所显示的值即为偏置值。

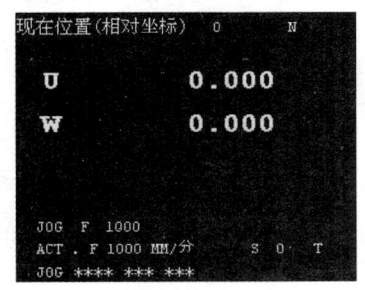
图 1-53 CRT 界面（一）

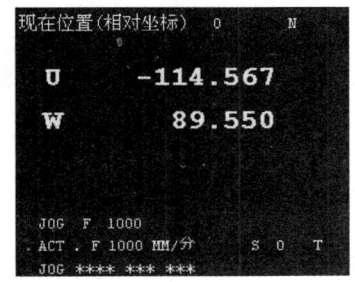
图 1-54 CRT 界面（二）

将偏置值输入到磨耗参数补偿表或形状参数补偿表内。

注：MDI 键盘上的 ▨ 键用来切换字母键，如 ▨ 键，直接按下输入的为"X"，按 ▨ 键，再按 ▨，输入的为"U"。

2）方法二：分别对每一把刀进行测量，并输入刀具偏移量。

1.3.5 零件加工仿真

1. 开机、回参考点及选择机床

选择 FANUC 0i 数控系统，平床身前置刀架，如图 1-55 所示。

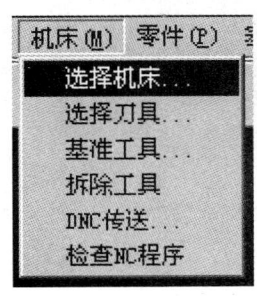
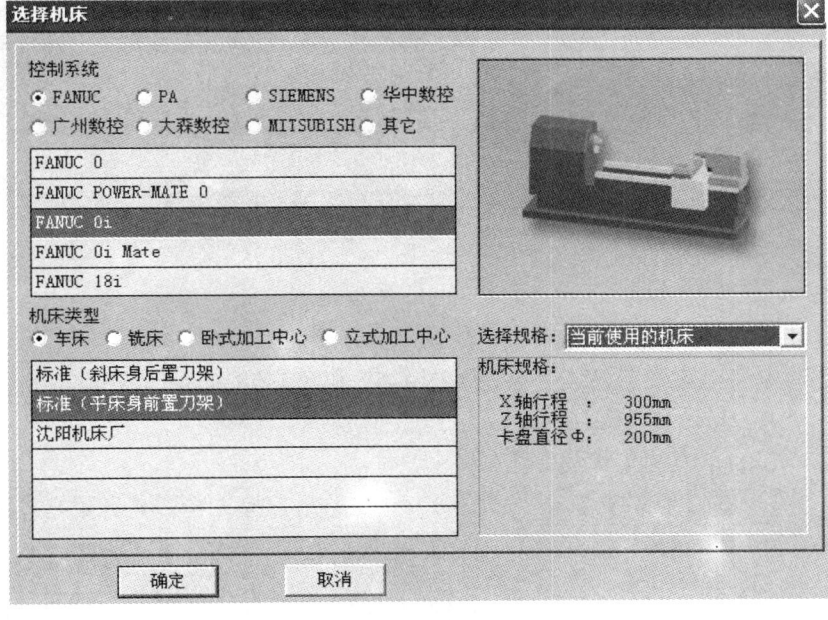

图 1-55 选择机床

2. 程序输入

在操作面板上按下编辑键 ▣，然后再按面板上的 PROG 键，进入程序编辑界面，直接用 FANUC 0i 系统的 MDI 键盘输入。

采用通过记事本或写字板等编辑软件输入程序并保存为文本格式，按照下面的方法调入程序。

单击操作面板上的编辑键 ▣，编辑状态指示灯 ▣ 变亮，此时已进入编辑状态。单击 MDI 键盘上的 PROG 按钮，CRT 界面转入编辑页面。再按菜单软键 [操作]，在出现的下级子菜单中按软键 ▶，按菜单软键 [READ]，单击 MDI 键盘上的数字/字母键，输入 "O0001"，按软键 [EXEC]；单击菜单中的 "机床/DNC 传送" 项，在弹出的对话框中选择所需的 NC 程序，单击 "打开" 按钮，则数控程序被调入并显示在 CRT 界面上，如图 1-56 所示。

注：切断程序中有一句 X-1 改为 X1，因为切断了，零件不能正确检测。

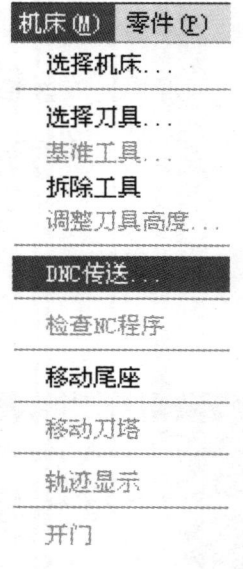
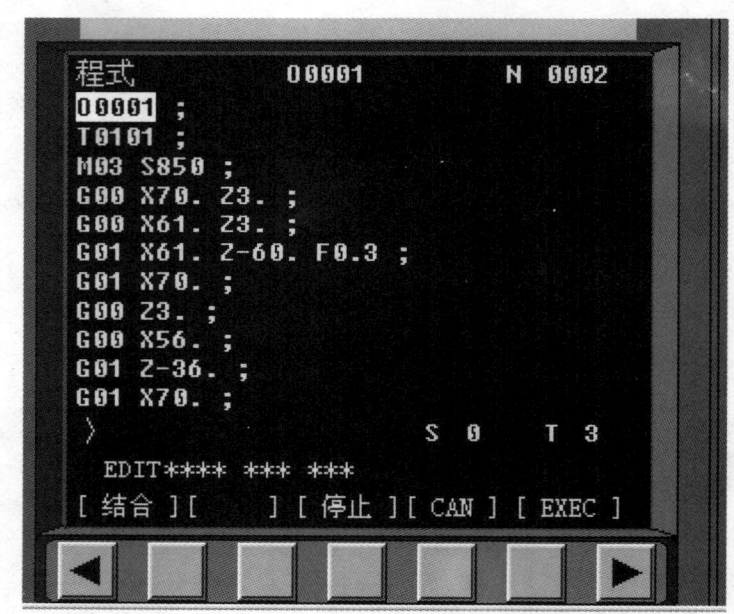

图 1-56 程序调入

3. 定义毛坯及装夹

定义毛坯及毛坯装夹方法如图 1-57 和图 1-58 所示。

4. 刀具的选择及安装

安装车刀的步骤及方法如下：

1）在刀架图中单击所需的刀位。在这里选择 3 种刀具：粗车外圆刀具 T1、精车外圆刀具 T2 和切断刀具 T3。

2）选择刀片类型：粗车外圆刀具 T1 选择 刀片，精车外圆刀具 T2 选择刀片。

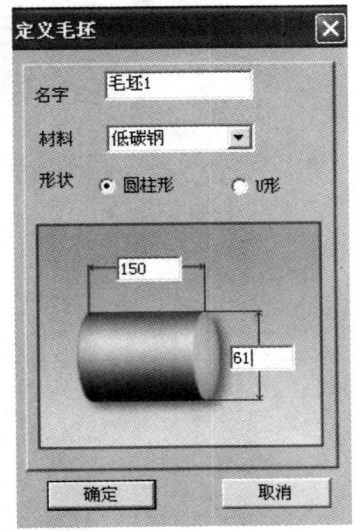

图 1-57　定义毛坯

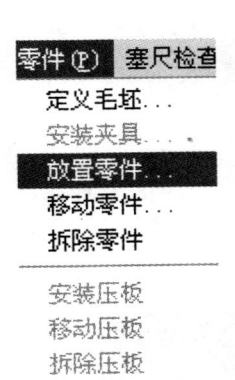
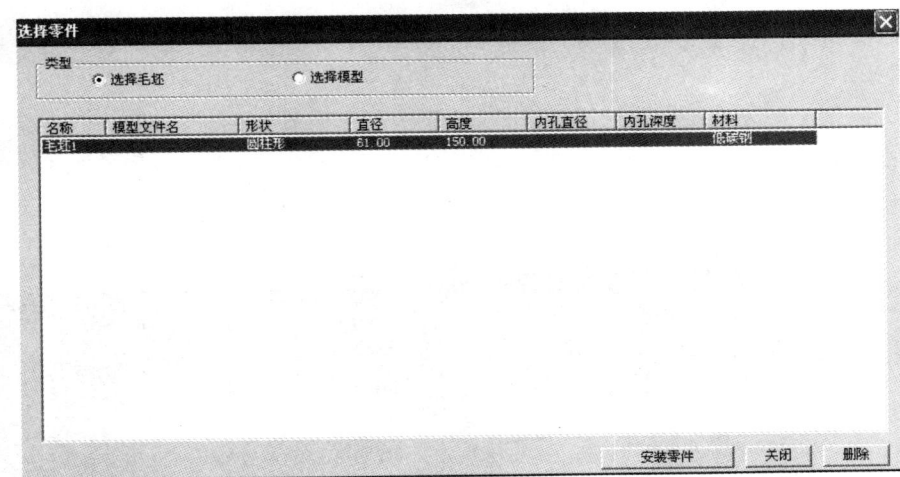

图 1-58　毛坯装夹

3）选择刀柄类型。
4）确认操作完成：单击"确定"按钮，如图 1-59 所示。

5. 对刀

在此采用"输入刀具偏移量"的方式对刀。

第一步：用所选刀具试切工件外圆，单击"主轴停止"按钮  使主轴停止转动，单击菜单中的"测量/坐标测量"项，得到试切后的工件直径，比如记为 α。

保持 X 轴方向不动，刀具退出。单击 MDI 键盘上的 键，进入形状补偿参数设定界

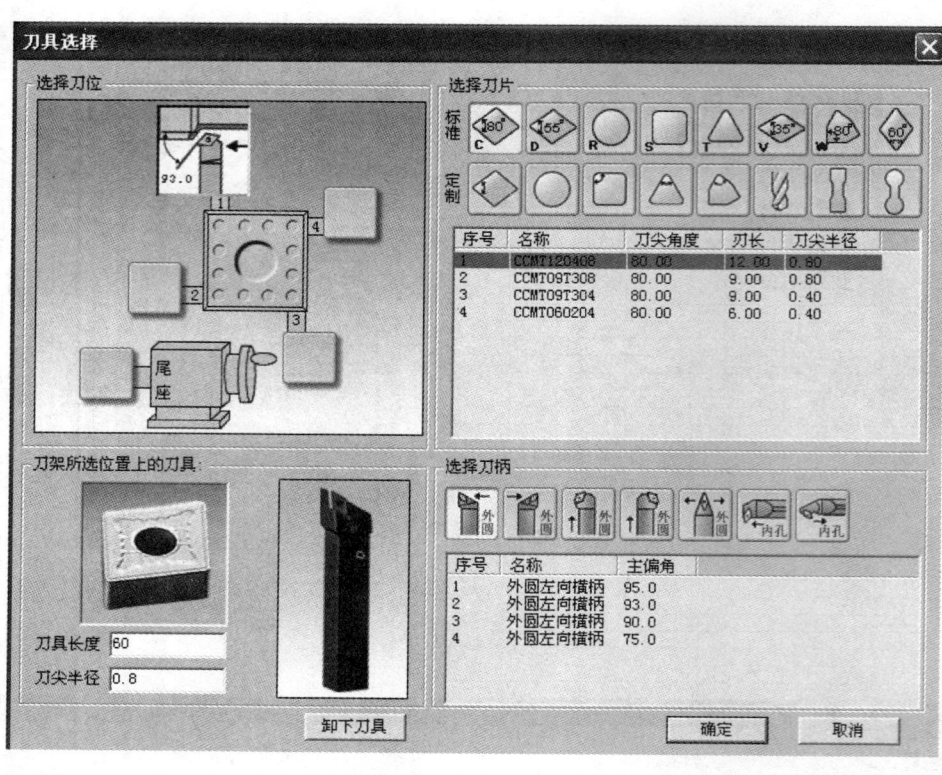

图1-59 刀具的选择

面,将光标移到与刀位号相对应的位置,输入 $X\alpha$,按菜单软键[测量],对应的刀具偏移量自动输入,如图1-60所示。

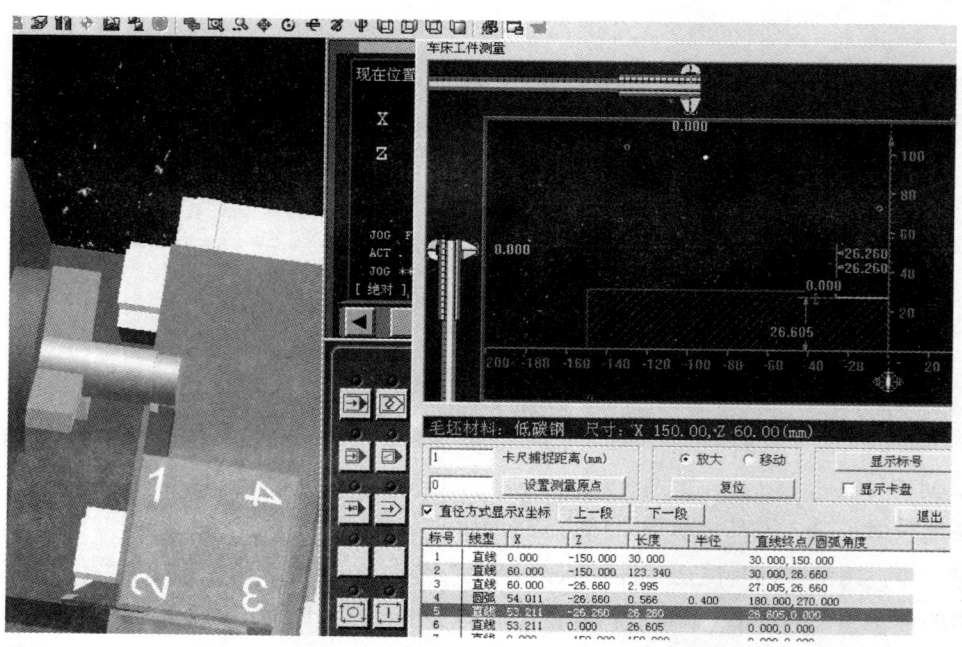

图1-60 外圆对刀

第二步：试切工件端面，把端面在工件坐标系中的 Z 坐标值记为 β（此处以工件端面中心点为工件坐标系原点，则 β 为 0）。

保持 Z 轴方向不动，刀具退出，进入形状补偿参数设定界面，将光标移到相应的位置，输入 $Z\beta$，按 [测量] 软键，对应的刀具偏移量自动输入，如图 1-61 所示。

第三步：按照第一、二步的对刀方法，对其余两把刀具进行对刀及设置，如图 1-62 所示。

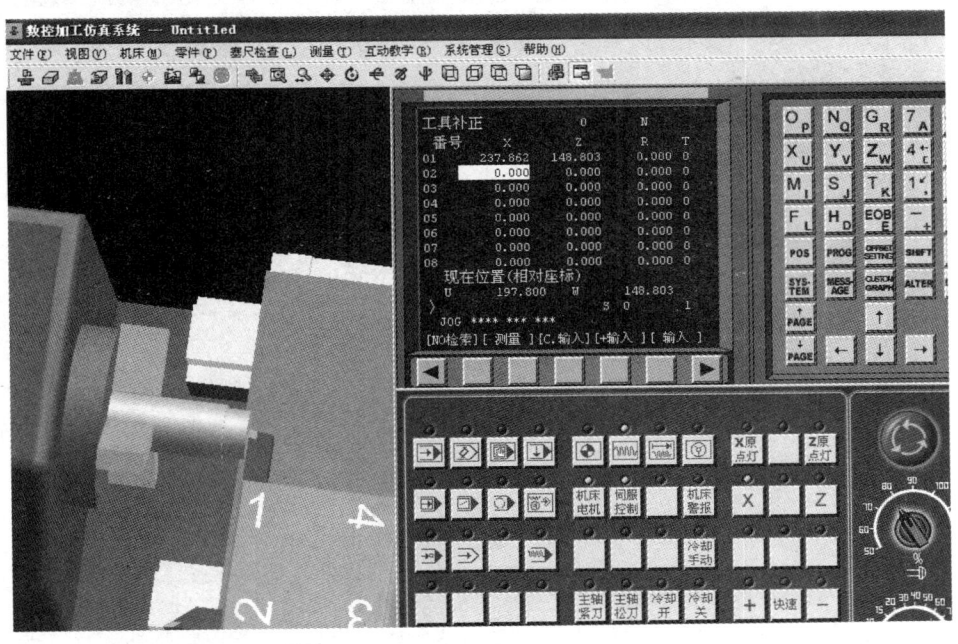

图 1-61　端面对刀

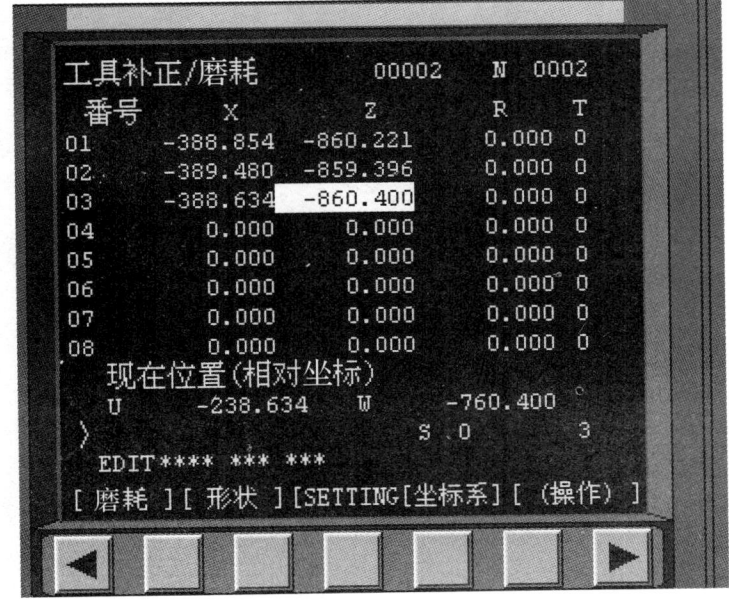

图 1-62　对刀三

6. 自动加工

单击操作面板上的"自动运行"按钮，使其指示灯变亮。单击操作面板上的"循环启动"按钮，程序开始执行。零件自动加工过程如图 1-63 所示。

最终的零件加工结果如图 1-64 所示。

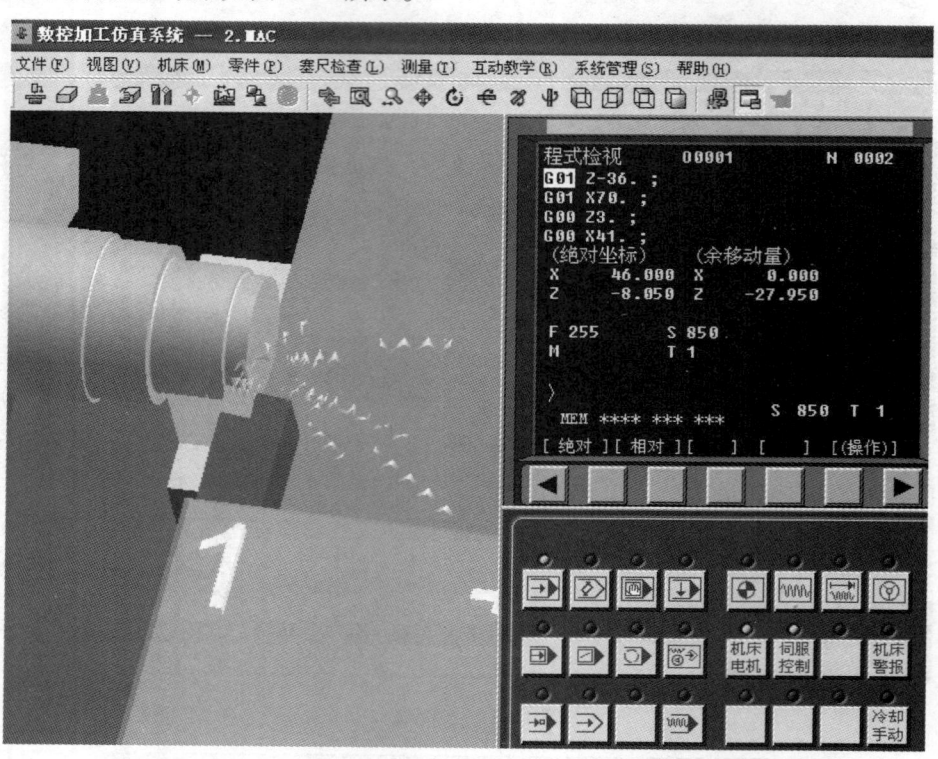

图 1-63　零件自动加工过程

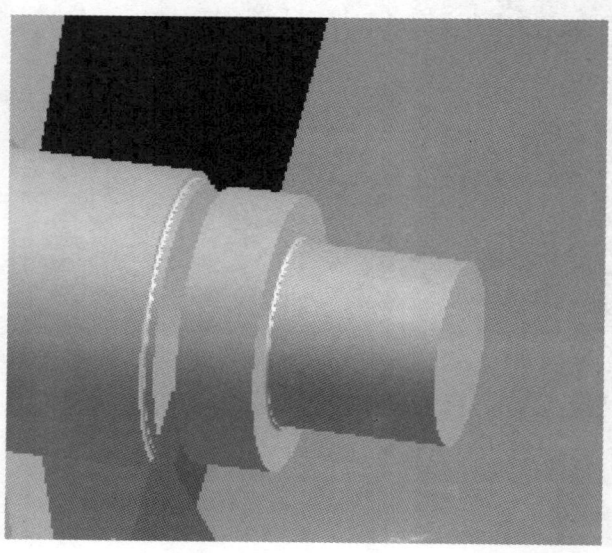

图 1-64　零件加工结果

1.4 零件检查与评估

1.4.1 检测项目及量具

1. 检测项目

1) 检查走刀轨迹的正确性。
2) 检查最终的零件形状是否正确。
3) 检查操作过程是否规范。
4) 检查零件的尺寸是否合格。

2. 量具

该零件主要的检测项目是直径和长度尺寸,即 φ40mm、φ60mm、36±0.05mm 和 55mm 四个尺寸,其中 φ40mm 尺寸精度要求最高,36±0.05mm 次之,因此选用规格为分度值 0.01mm、测量范围 25~50mm 的外径千分尺和分度值为 0.02mm、测量范围 0~150mm 的游标卡尺。

1.4.2 检测方法

选择"测量"菜单,然后选择下拉菜单中的"剖面图测量",分别对相应的尺寸进行检测,如图 1-65 所示。

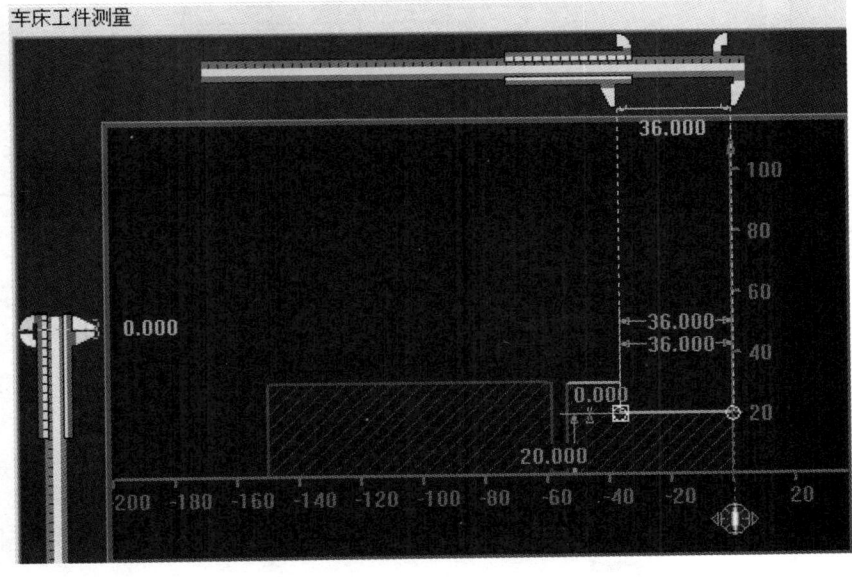

图 1-65 尺寸检查

1.4.3 评估总结

1) 根据检测结果总结产生零件尺寸偏差的原因,找出优化刀具轨迹和控制零件尺寸的方法。

2）对整个学习情境的执行过程与结果给一个综合的评价。

实训一 圆柱表面及端面的数控车削加工仿真实训

一、实训目的
1）熟悉 FANUC 0iT 系统的面板。
2）熟悉开机、对刀、输入程序等基本操作。
3）能正确仿真加工圆柱表面及端面。

二、实训内容
完成如图 1-66 所示零件的数控车削加工仿真。

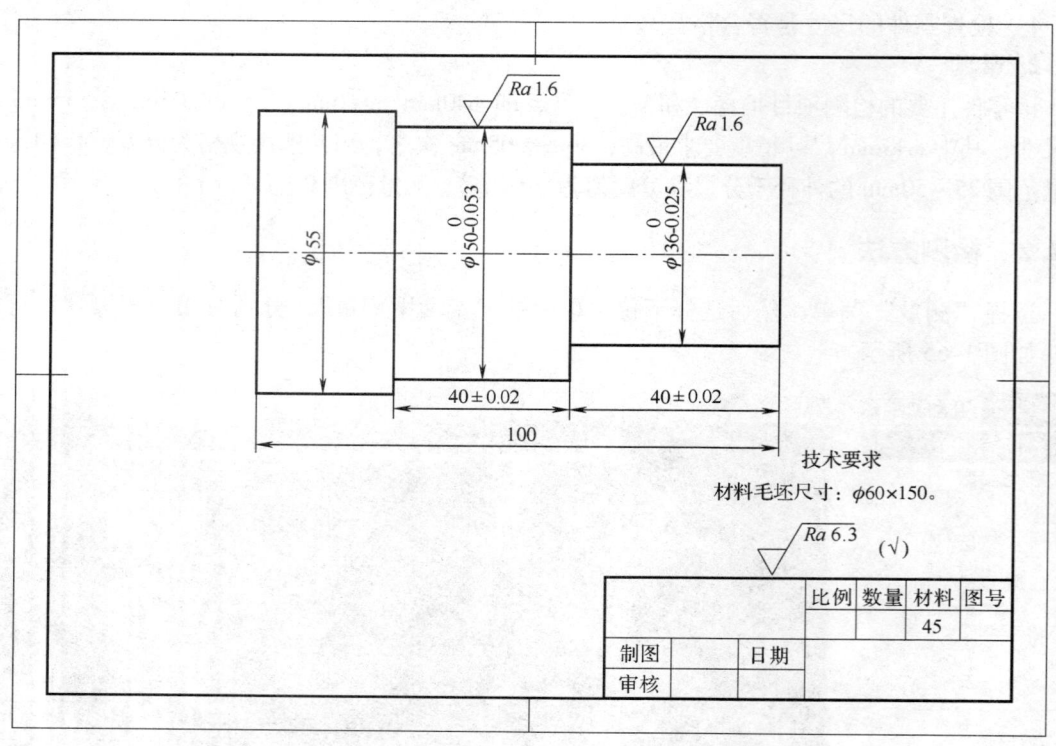

图 1-66 实训一零件图

三、实训步骤

1. 选择 FANUC 0iT 系统

双击文件 "SWCNC.exe"，在下拉菜单中选择 "FANUC 0iT"，单击 "运行" 按钮，再单击 "急停" 按钮，将其松开。

2. 定义毛坯及装夹

单击 "工件操作"，选择下拉菜单中的 "设置毛坯" 选项，根据需要设置相应的工件长度和工件直径。

3. 刀具的选择及装夹

单击 "机床操作"，选择菜单中的 "刀具管理" 选项，将需要的刀具下拉至 "机床刀库"。

4. 回零操作

单击"回原点"按钮，进入"返回参考点"模式。先将 X 轴返回参考点，单击操作面板上的"X 轴选择"按钮，将 X 轴回零；再单击"Z 轴选择"按钮，使指示灯变亮，Z 轴将回零。

5. 对刀

1）试切工件外圆后，保持 X 轴方向不动，刀具 Z 向退出。单击"主轴停止"按钮，使主轴停止转动，单击菜单中的"测量/坐标测量"项，得到试切后的工件直径，比如记为 α。

单击按钮设置刀补，进入形状补偿参数设定界面，将光标移到与刀位号相对应的位置，输入 $X_α$，按菜单软键［测量］，对应的刀具偏移量自动输入。

2）试切工件端面后，保持 Z 轴方向不动，刀具 X 轴退出。把端面在工件坐标系中 Z 坐标值记为 β（此处以工件端面中心点为工件坐标系原点，则 β 为 0）。

进入形状补偿参数设定界面，将光标移到相应的位置，输入 $Z_β$，按［测量］软键，对应的刀具偏移量自动输入。

6. 程序输入

打开"程序保护"，在操作面板上单击"编辑"按钮和按钮，选中灰键"DIR"（程序目录），输入程序名称（字母 O 加四位数字组成），按下键，进入程序编辑界面，可编辑程序。

7. 自动加工

单击"自动运行"按钮和"循环启动"按钮，执行程序。

8. 测量

略。

四、实训报告

填写实训报告，见表 1-6。

表 1-6 实训报告一

学　号		姓　名		实训时间	
	实训设备				
加工验证正确的数控车削程序					
备注：					

本课题小结

本课题主要围绕零件圆柱表面及端面的数控车削加工进行介绍,重点介绍了数控设备的组成及工作原理,数控设备的分类和特点,数控机床坐标系的规定,数控车床的分类和特点以及走刀路线的概念;还介绍了数控编程的程序结构,程序编制的基本指令和思路,以及利用软件对编制的数控车削程序进行仿真。

本课题的难点是机床坐标系及坐标轴的规定,工件坐标系的确定,零件圆柱表面及端面的数控车削加工粗、精加工的走刀路线以及相关基点的计算,基本编程指令G00、G01等的格式和正确使用,仿真软件的基本操作。

通过本课题的学习,应该了解数控技术的相关基本概念,如数控技术、数控编程、数控设备和加工等,了解数控设备的分类和特点,了解数控加工的基本过程;掌握数控车床坐标系的建立,掌握数控车削圆柱表面及端面的走刀路线,掌握仿真软件的基本操作;会编制零件圆柱表面及端面的数控车削加工程序并正确调试、检验、加工,能解决加工中的常见问题。

【练习题】

一、判断题(正确的在括号里画√,错误的画×)

1. 在确定数控机床坐标系的直线轴时,应按照X、Y、Z的顺序依次确定。( )
2. 当数控加工程序编制完成后即可进行正式加工。( )
3. 恒线速控制的原理是当工件的直径越大时,进给速度越慢。( )
4. 数控加工程序的顺序段号必须顺序排列。( )
5. 数控加工开始之前,一般需要先进行回参考点的操作,其目的是建立机械坐标系。( )
6. 数控加工首先编制好程序,然后根据程序选择合适的刀具进行加工。( )
7. 数控加工中工件原点理论上可以任意选择,在实际加工中一般由编程人员根据具体情况合理选取。( )
8. 数控机床在手动和自动运行中,一旦发现异常情况,应立即使用紧急停止按钮。( )
9. 数控机床的机床坐标原点和机床参考点是重合的。( )
10. 数控机床加工过程中可以根据需要改变主轴速度和进给速度。( )

二、选择题(将正确的答案填在括号里)

1. 数控机床是在( )诞生的。
   A. 日本　　　　　B. 美国　　　　　　C. 英国
2. "NC"的含义是( )。
   A. 数字控制　　　B. 计算机数字控制　C. 网络控制
3. "CNC"的含义是( )。
   A. 数字控制　　　B. 计算机数字控制　C. 网络控制
4. 在ISO标准中,各坐标轴的正方向是指( )。
   A. 刀具运动的方向　　　　B. 刀具相对于工件距离增大的运动方向

C. 工件相对于刀具距离增大的运动方向
5. 数控机床的种类很多，如果按加工轨迹分则可分为（　　）。
   A. 二轴控制、三轴控制和连续控制　　　B. 点位控制、直线控制和连续控制
   C. 二轴控制、三轴控制和多轴控制
6. 数控机床的标准坐标系是以（　　）来确定的。
   A. 右手直角笛卡儿坐标系　　　B. 绝对坐标系
   C. 相对坐标系
7. 数控机床的核心是（　　）。
   A. 伺服系统　　B. 数控系统　　C. 反馈系统　　D. 传动系统
8. 加工（　　）零件，宜采用数控加工设备。
   A. 大批量　　B. 多品种中小批量　　C. 单件
9. 数控机床回零时，要（　　）。
   A. X、Z同时　　B. 先刀架　　C. 先Z，后X　　D. 先X，后Z
10. 开环控制系统用于（　　）数控机床上。
    A. 经济型　　B. 中、高档　　C. 精密
11. 数控机床的程序保护开关的作用是（　　）。
    A. 保护程序　　B. 防止超程　　C. 防止出废品　　D. 防止误操作
12. 使用数控机床时，必须把主电源开关扳到（　　）位置。
    A. IN　　B. ON　　C. OFF　　D. OUT
13. 切削过程中，工件与刀具的相对运动按其所起的作用可分为（　　）。
    A. 主运动和进给运动　　　B. 主运动和辅助运动
    C. 辅助运动和进给运动
14. 开环控制的数控机床，通常使用（　　）为伺服执行机构。
    A. 交流同步电动机　　　B. 功率步进电动机
    C. 交流笼型感应电动机
15. FANUC系统中（　　）用于程序全部结束，切断机床所有动作。
    A. M01　　B. M00　　C. M02　　D. M30
16. FANUC系统中（　　）表示从尾座方向看，主轴以逆时针方向旋转。
    A. M04　　B. M01　　C. M03　　D. M05
17. FANUC系统中，（　　）指令是切削液停指令。
    A. M08　　B. M02　　C. M09　　D. M06
18. 当数控机床的手动脉冲发生器的选择开关位置在X100时，手轮的进给单位是（　　）。
    A. 0.1mm/格　　B. 0.001mm/格　　C. 0.01mm/格　　D. 1mm/格
19. 表面粗糙度值的单位是（　　）
    A. m　　B. cm　　C. mm　　D. μm
20. 数控机床（　　）时，模式选择开关应放在MDI。
    A. 快速进给　　B. 手动数据输入　　C. 回零　　D. 手动进给

三、简答题
1. 数控编程中常用的程序字有哪些？它们的作用是什么？
2. 确定数控机床坐标系的三大原则是什么？确定数控机床直线运动轴的顺序是什么？
3. 简述数控机床的组成部分有哪些？各部分的主要作用是什么？
4. 简述确定切削用量三要素的基本原则。
5. 简述手工编制数控加工程序的基本步骤。
6. 什么是基点？什么是节点？它们在零件轮廓上的数目是如何确定的？

课题2　零件圆锥表面的数控车削加工

2.1　零件图样分析

如图 2-1 所示为轴类零件，毛坯是 φ62mm×100mm 的棒材，材料为 45 钢，可加工性较好。零件主要是由圆柱面和圆锥面组成的简单回转体零件，而且零件的形状较简单，除圆锥面尺寸和精度要求较高，需要进行粗车和精车分开加工外，其余部分的尺寸和表面精度要求都不高。

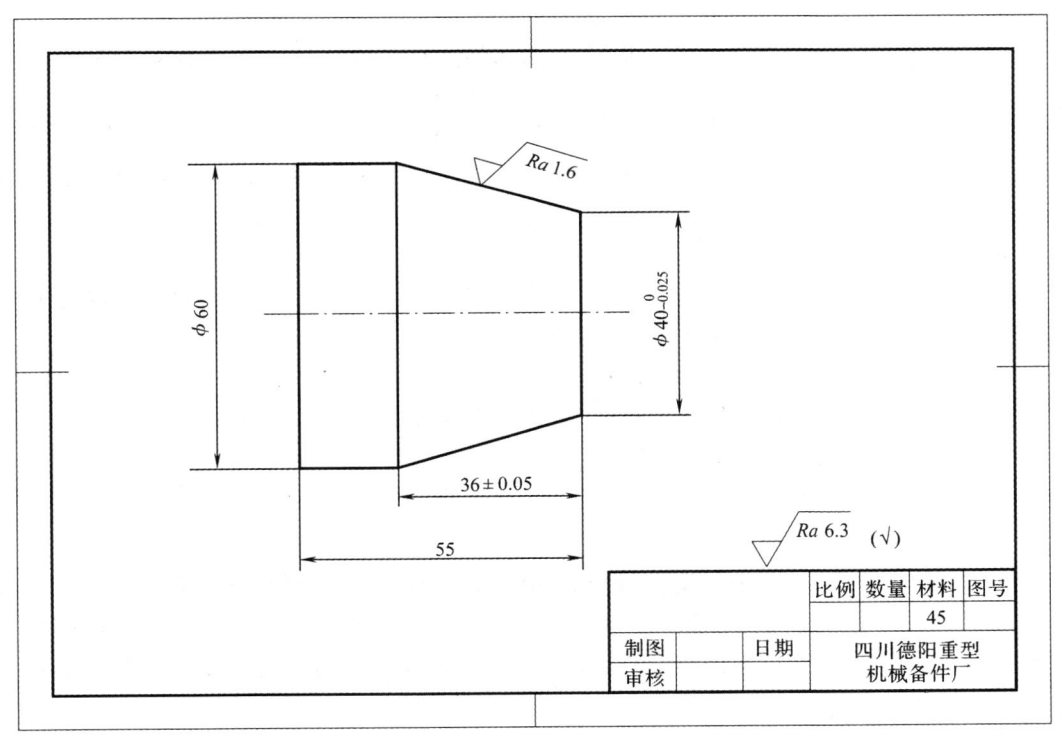

图 2-1　轴类零件图

2.2　零件车削准备

2.2.1　工艺准备

加工该零件需要考虑以下问题。

1. 选择加工机床设备

根据零件图样要求，选用经济型数控车床即可达到要求。选用 CK3050 型卧式数控车床，控制系统为 FANUC 0i 数控系统。

2. 确定零件的定位基准和装夹方式

（1）定位基准　确定零件毛坯料轴线和左端面为定位基准。

（2）装夹方式　采用自定心卡盘夹持一端，一次装夹完成粗、精加工。

3. 确定加工顺序及走刀路线

1）从右至左粗加工各表面，留精加工余量 0.5mm。

2）从右至左连续精加工各表面，达到加工要求并切断。

4. 刀具选择

根据加工要求，选用 4 把刀具，T01 为端面车刀，T02 为 90°外圆粗车车刀，T03 为 90°外圆精车车刀，T04 为切断刀，刀宽 4mm（刀尖补偿设置在左刀尖处）。

加工前，需要将每把刀安装好之后，对好刀并将刀偏值输入对应的刀具参数中。

5. 确定切削用量

根据被加工零件的表面质量要求、刀具材料和工件材料，参考切削用量手册或有关资料选取切削速度和每转进给量，然后利用公式 $n = \dfrac{1000v_c}{\pi D}$ 计算主轴转速（r/min），车端面选用 S600、F0.2，粗车外圆选用 S800、F0.2，精车外圆选用 S1200、F0.1，切槽选用 S300、F0.1。

6. 编制数控加工程序

选用 FANUC 0i 数控系统指令格式，先设定工件原点为工件右端面和轴心线的交点，计算基点坐标，然后编写数控加工程序并检验。

7. 熟悉数控车床的基本操作

1）能够通过操作面板手动输入加工程序及有关参数并编辑、修改。

2）工件设定及装夹，刀具选用及安装。

3）对刀。

4）程序仿真及自动加工。

8. 对零件的加工过程进行必要的控制和对加工后的零件进行全面检验

分析影响零件加工最终质量的因素，这些因素可能包括走刀轨迹及程序的正确性、对刀方法的正确性、刀尖圆弧半径补偿的正确设置等，以便在后续的实施过程中重点关注。

2.2.2　相关基础知识准备

1. 数控车床中刀尖圆弧半径补偿的原理

编程时，通常都将车刀刀尖作为一点来考虑，虽然采用尖角车刀对加工及编程都很方便，但由于刀头越尖就越容易磨损，并且当刀具太尖而进给速度又较大时，一般的轮廓车削将产生车螺纹的效果，即使减小进给速度，也会影响到加工表面的表面质量。为此，精车时常将车刀刀尖磨成圆弧过渡刃。采用这样的车刀车内、外圆和端面时，刀尖圆弧不影响加工尺寸和形状，但转角处的尖角肯定是无法车出的，并且在车削锥面或圆弧面时，会造成过切或少切，如图 2-2 所示。

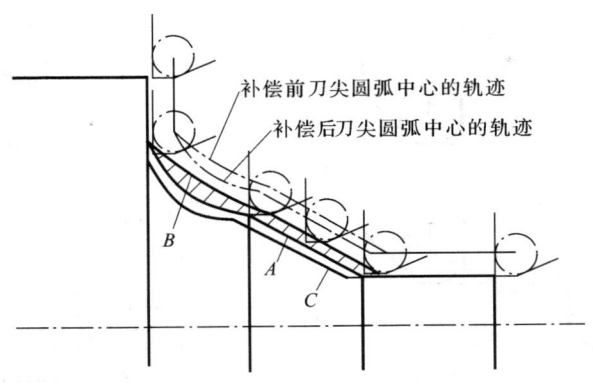

图 2-2 刀尖圆弧半径补偿

具有刀尖圆弧半径自动补偿功能的数控系统能根据刀尖圆弧半径计算出补偿量，避免少切或过切现象的发生。

2. 数控车床中的刀尖圆弧半径补偿指令及格式

（1）刀尖圆弧半径补偿的使用格式
G41/G42　G00/G01　X __ Z __；　建立刀尖圆弧半径补偿
……；　　　　　　　　　　　　刀尖圆弧半径补偿的执行
……；
G40　G00/G01　X __ Z __；　　　取消刀尖圆弧半径补偿

说明：
G41——左偏刀具半径补偿，按程序路径前进方向刀具偏在零件左侧进给；
G42——右偏刀具半径补偿，按程序路径前进方向刀具偏在零件右侧进给；
G40——取消刀具半径补偿。

图 2-3 所示是 G41/G42 的判断方法。当系统执行到含 T 代码的程序指令时，仅仅是从中取得了刀具补偿的寄存器地址号（其中包括刀具几何位置补偿和刀具半径大小），此时并不会开始实施刀尖半径补偿。只有在程序中遇到 G41、G42 和 G40 指令时，才开始从对应的刀具补偿寄存器地址中提取数据并实施相应的刀具半径补偿。

（2）刀尖圆弧半径补偿的引入及取消　由没有设定刀尖圆弧半径补偿的运动轨迹到首次执行含 G41、G42 的程序段，即是刀尖半径补偿的引入过程，如图 2-4a 所示。编程时书写

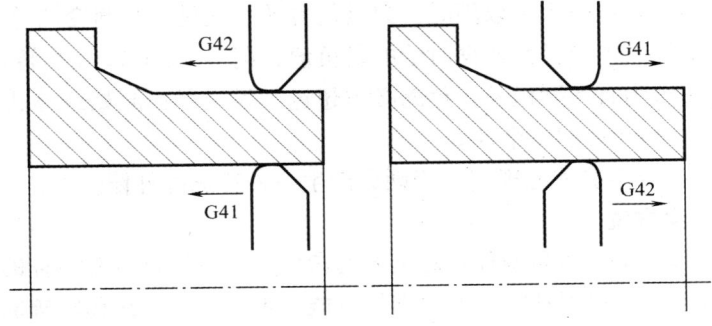

图 2-3　G41/G42 的判断方法

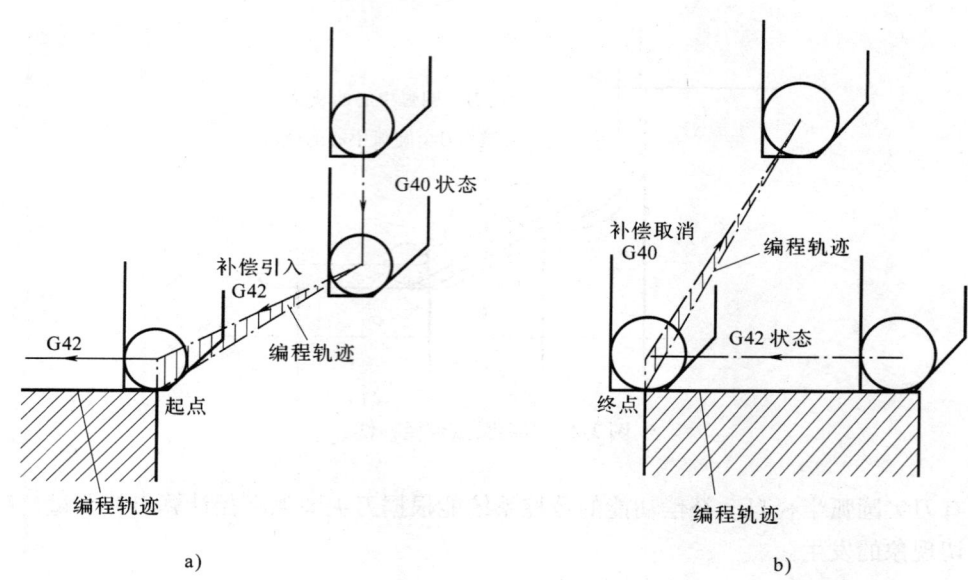

图 2-4 刀尖圆弧半径补偿的引入及取消
a) 刀尖圆弧半径补偿的引入 b) 刀尖圆弧半径补偿的取消

格式为：
…
G40；   先取消以前可能加载的刀尖圆弧半径补偿（如果以前未用过 G41 或 G42，则可以不写这一行）

G41（G42）G01（G00）X __ Z __ D __ ；在要引入的刀尖圆弧半径补偿含坐标移动的程序行前加上 G41 或 G42

刀具半径补偿的取消如图 2-4b 所示。

执行过刀尖圆弧半径补偿 G41 或 G42 指令后，刀尖圆弧半径补偿将持续对每一编程轨迹有效；若要取消刀尖圆弧半径补偿，则需要在某一编程轨迹的程序行前加上 G40 指令，或单独将 G40 作为一个程序行书写。

说明：

1）刀尖圆弧半径补偿的引入和取消不应在 G02、G03 圆弧轨迹程序行上实施。

2）刀尖圆弧半径补偿引入和取消时，刀具位置的变化是一个渐变的过程。

3）当输入刀尖圆弧半径补偿数据时给的是负值，则 G41、G42 互相转化。

4）起始或终止若为直线则延长，距离必须超过圆弧半径；起始或终止若为圆弧则用相切直线延长，距离必须超过圆弧半径。

5）G41、G42 指令不要重复规定，否则会产生一种特殊的补偿。

3. 刀位点与刀尖方位

刀位点即是刀具上用于作为编程相对基准的参照点。当执行没有刀补的程序时，刀位点正好走在编程轨迹上；而有刀补时，刀位点将可能行走在偏离于编程轨迹的位置上。按照试切对刀的情况看，对刀所获得的坐标数据就是刀尖的坐标，采用对刀仪也基本上是按刀尖对刀的。而事实上，对于圆弧头车刀而言，这个刀尖是不存在的，是一个假想的刀尖点（如图 2-5a 中 A 点）。当然，也可通过测出刀尖圆弧半径值来推测出刀尖圆弧中心点（见图 2-5a 中 B 点）。编程时，通常就是用这样两个参照点来作为刀位点的，刀尖半径补偿也就是围绕这两种情况进行的。

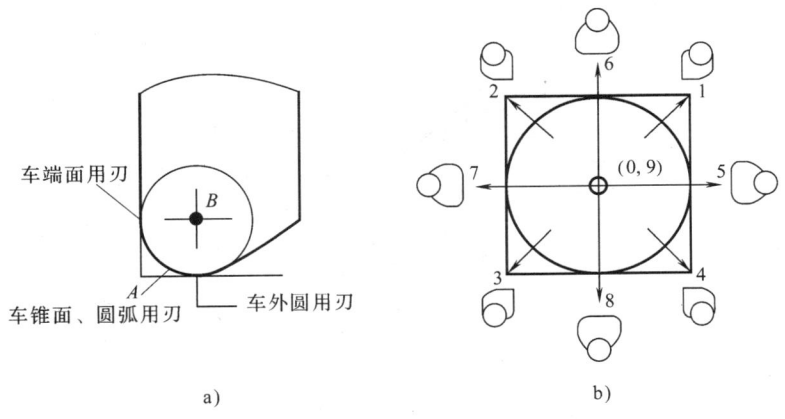

图 2-5 刀位点与刀尖方位

虽然说只要采用刀具半径补偿，就可加工出准确的轨迹形状，但若使用了不合适的刀具，如左偏刀换成右偏刀，那么采用同样的刀补算法不能保证加工的准确性。为此，引出了刀尖方位的概念。图 2-5b 所示为按假想刀尖方位以数字代码对应的各种刀具装夹放置的情况。如果以刀尖圆弧中心作为刀位点进行编程，则应选用 0 或 9 作为刀尖方位号，其他号都是以假想刀尖编程时采用的。只有在刀具数据库内按刀具实际放置情况设置相应的刀尖方位代码，才能保证对刀具进行正确的刀补。否则，将会出现不合要求的过切和少切现象。

在数控加工中，需要在数控系统里进行相应的参数设置，如图 2-6 所示。

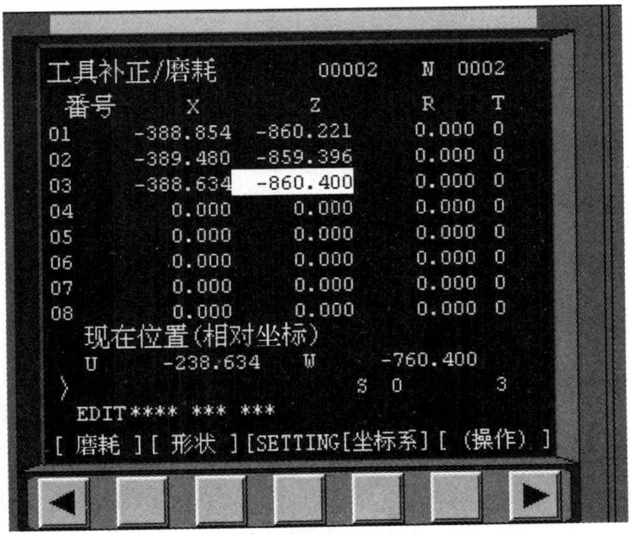

图 2-6 参数设置

4. 刀尖圆弧半径补偿编程举例

精车如图 2-7 所示的轮廓，编程时考虑刀尖圆弧半径补偿。

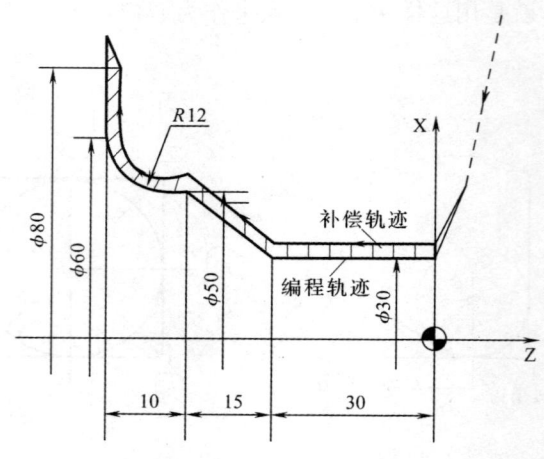

图 2-7　刀尖圆弧半径补偿编程

其程序编写如下：
O0017；
T0101；   刀补数据库启动
G00　X100.0　Z10.0；
S600　M03；
G00　X50.0　Z5.0；
G42　G01　X30.0　Z0.0；   刀尖圆弧半径补偿引入
G01　Z-30.0　F0.2；   刀补实施中
X50.0　Z-45.0；
G02　X60.0　Z-55.0　R12.0；
G01　X80.0；
G40　G00　X100.0；   取消刀尖圆弧半径补偿
Z10.0；   返回
T0100；   关闭刀具数据库
M30；

2.3　车削方案实施

2.3.1　加工方式的确定

加工路线的确定首先必须保证被加工零件的尺寸精度和表面质量，其次考虑数值计算简单，走刀路线尽量短，效率较高等。下面分析数控车床车外圆锥时常用的加工路线。

1）在数控车床上车外圆锥，假设圆锥大径为 D，小径为 d，锥长为 L，车外圆锥的加工路线如图 2-8a 所示。

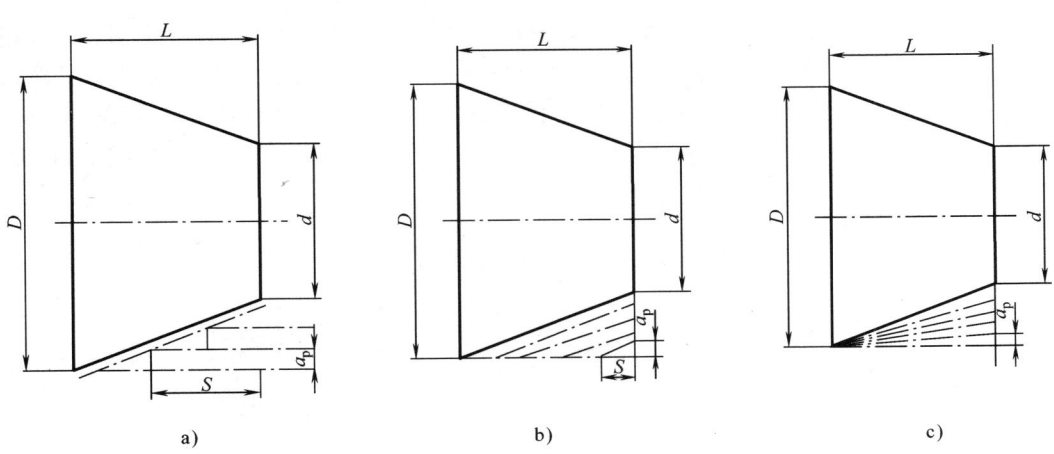

图 2-8 车外圆锥走刀路线分析

按图 2-8a 所示的阶梯切削路线，二刀粗车，最后一刀精车。二刀粗车的终刀距 S 要作精确的计算，可由相似三角形计算得

$$\frac{\frac{D-d}{2}}{L} = \frac{\frac{D-d}{2} - a_p}{S}$$

$$S = \frac{L\left(\frac{D-d}{2} - a_p\right)}{\frac{D-d}{2}}$$

此种加工路线粗车时，刀具背吃刀量相同；但精车时，背吃刀量不同。其刀具切削运动的路线最短。

2) 按图 2-8b 所示的相似斜线切削路线，也需计算粗车时的终刀距 S，同样由相似三角形可计算得

$$\frac{\frac{D-d}{2}}{L} = \frac{a_p}{S}$$

$$S = \frac{La_p}{\frac{D-d}{2}}$$

按此种加工路线，刀具切削运动的距离较短。

3) 按图 2-8c 所示的斜线加工路线，只需确定每次背吃刀量 a_p，而不需计算终刀距，编程方便。但在每次切削中背吃刀量是变化的，且刀具切削运动的路线较长。

2.3.2 走刀路线的确定

编写零件加工程序时,必须先确定走刀路线,计算出编程需要的坐标。根据前面介绍的车外圆锥走刀路线,选择第二种即采用相似斜线切削路线。该零件的车端面走刀路线如图 2-9 所示,其基点坐标见表 2-1。粗车圆锥面走刀路线如图 2-10 所示,其基点坐标见表 2-2,每次背吃刀量 a_p 为 3mm,精车余量为 1mm。精车圆锥面走刀路线如图 2-11 所示,其基点坐标见表 2-3。切断加工轨迹不再重复介绍。

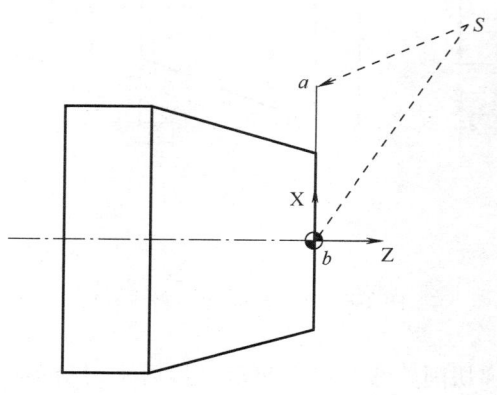

图 2-9 车圆锥端面走刀路线

表 2-1 车圆锥端面基点坐标

序　号	X 坐标	Z 坐标
S	200	100
a	65	0
b	−1	0

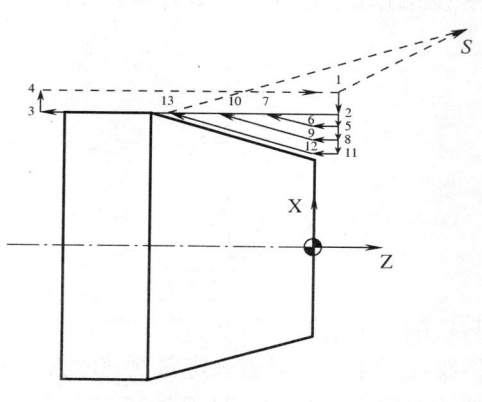

图 2-10 粗车圆锥面走刀路线

表 2-2 粗车圆锥面基点坐标

序　号	X 坐标	Z 坐标	序　号	X 坐标	Z 坐标
S	200	100	7	60	-10.8
1	65	5	8	48	5
2	60	5	9	48	0
3	60	-60	10	60	-21.6
4	65	-60	11	42	5
5	54	5	12	42	0
6	54	0	13	60	-32.4

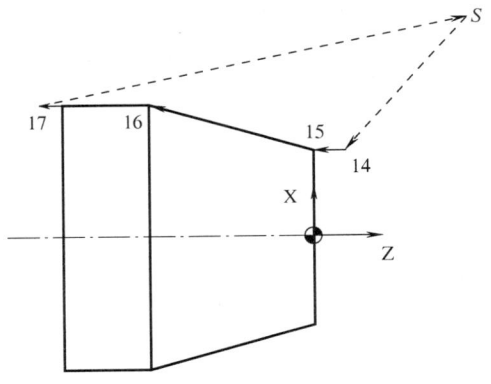

图 2-11　精车圆锥面走刀路线

表 2-3　精车圆锥面基点坐标

序　号	X 坐标	Z 坐标
S	200	100
14	40	5
15	40	0
16	60	-36
17	60	-60

2.3.3　编制程序

该零件的加工参考程序如下：
O0002；
G00　X100　Z100　T0101；　　　　　车端面
M03　S600；
G00　X65　Z0；
G01　X-1　F0.2；
G00　X100　Z100；

```
T0100；
T0202；                           粗车圆锥面
M03  S800；
G00  X65  Z5；
G01  X60  F0.2；
Z-60；
X65；
G00  Z5；
G00  X54；
G01  Z0  F0.2；
X60  Z-10.8  F0.1；
G00  Z5；
G01  X48  F0.2；
Z0；
X60  Z-21.6  F0.1；
G00  Z5；
G01  X42  F0.2；
Z0；
X60  Z-32.4  F0.1；
G00  X100  Z100；
T0200；
T0303；                           精车圆锥面
M03  S1200；
G00  X40  Z5；
G42  G01  X40  Z0  F0.2；
G01  X60  Z-36  F0.04；
G40  G00  X100  Z100；
T0300；
T0404；                           切断
M03  S400；
G00  X65  Z-59；
G01  X-1  F0.1；
G00  X100  Z100；
T0400；
M30；
```

2.3.4 零件加工仿真

1. 开机、回参考点及选择机床

选择 FANUC 0i 数控系统，平床身前置刀架。

2. 程序输入

单击操作面板上的编辑键 ，编辑状态指示灯 变亮，此时已进入编辑状态。单击 MDI 键盘上的 按钮，由 CRT 界面转入编辑页面；再按菜单软键 [操作]，在出现的下级子菜单中按软键 ，按菜单软键 [READ]，单击 MDI 键盘上的数字/字母键，输入"O0002"，按软键 [EXEC]；单击菜单"机床/DNC 传送"，在弹出的对话框中选择所需的 NC 程序，按"打开"按钮，则数控程序被导入并显示在 CRT 界面上，如图 2-12 所示。

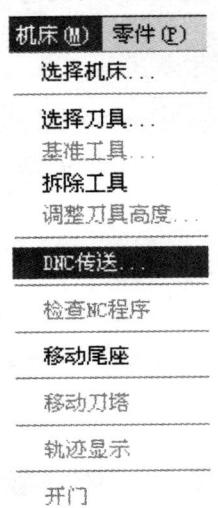
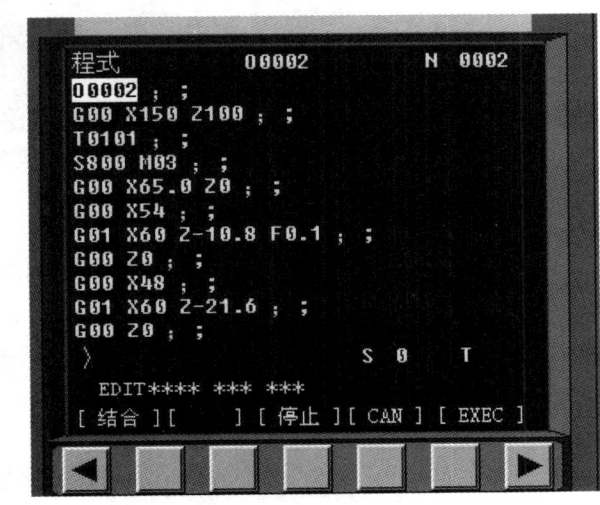

图 2-12 程序调入

注意：切断程序中有一句 X-1 改为 X1，因为切断了，零件不能正确检测。

3. 定义毛坯及装夹

参见课题 1 定义毛坯及装夹方法。

4. 刀具的选择及安装

参见课题 1 定义刀具的选择及安装方法。

5. 对刀

在此采用"输入刀具偏移量"方式。

第一步：用所选刀具试切工件外圆。单击"主轴停止"按钮 ，使主轴停止转动，单击菜单中的"测量/坐标测量"项，得到试切后的工件直径，比如记为 α。

保持 X 轴方向不动，刀具退出。单击 MDI 键盘上的 键，进入形状补偿参数设定界面，将光标移到与刀位号相对应的位置，输入 Xα，按菜单软键 [测量]，对应的刀具偏移量自动输入，如图 2-13 所示。

第二步：试切工件端面。把端面在工件坐标系中的 Z 坐标值记为 β（此处以工件端面中心点为工件坐标系原点，则 β 为 0）。

保持 Z 轴方向不动，刀具退出，进入形状补偿参数设定界面，将光标移到相应的位置，输入 Z_β，按 [测量] 软键，对应的刀具偏移量自动输入，如图 2-14 所示。

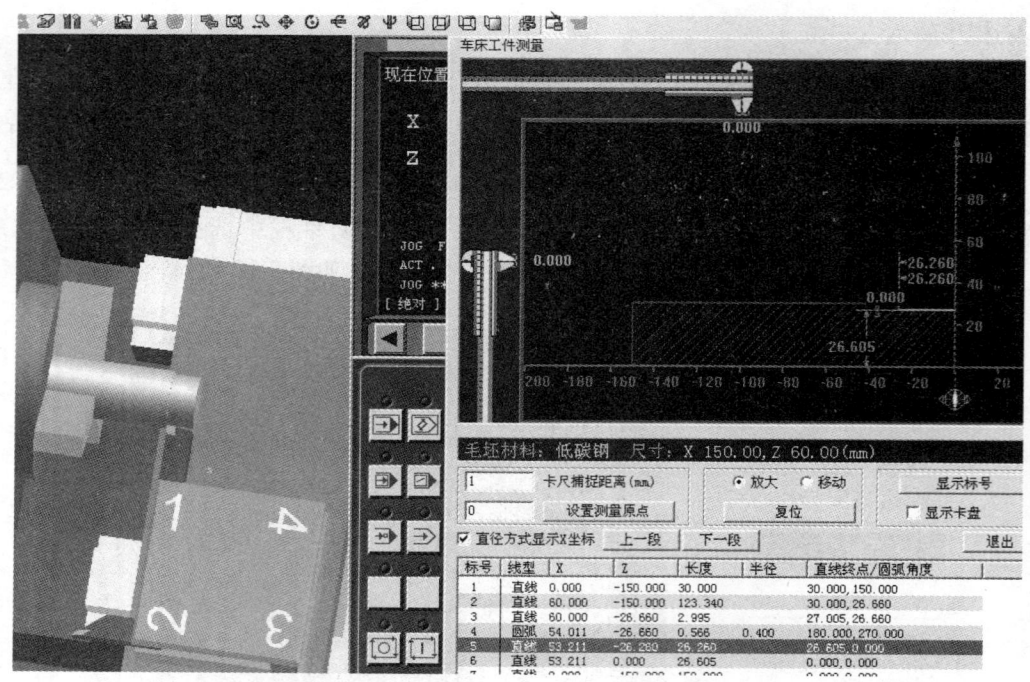

图 2-13 外圆对刀

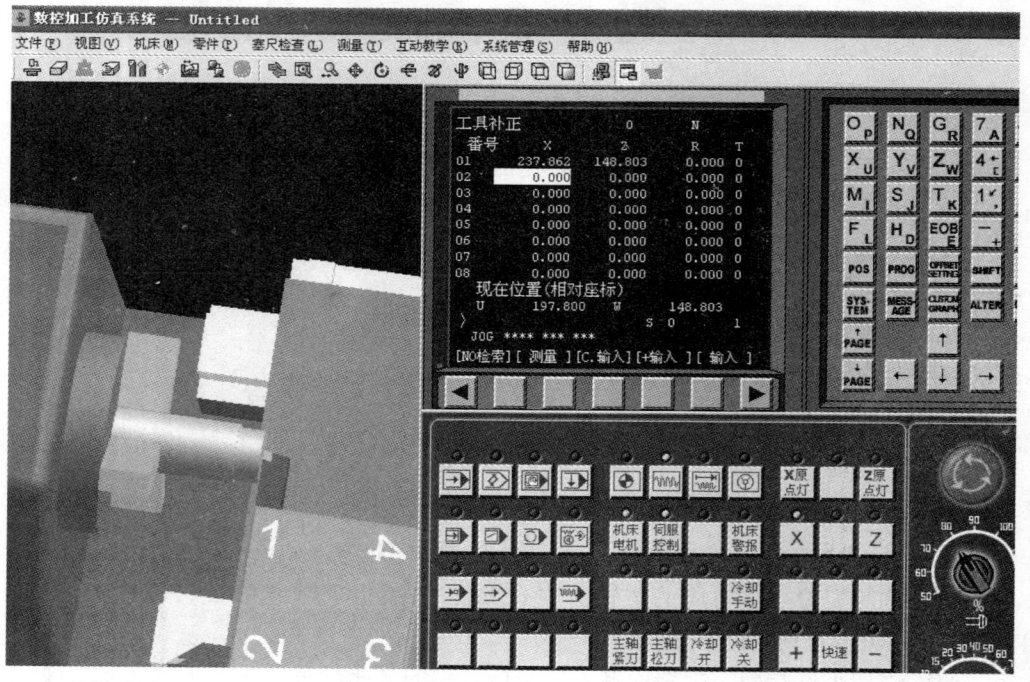

图 2-14 端面对刀

第三步：按照第一、二步的对刀方法，对其余两把刀具进行对刀及设置，如图 2-15 所示。

图 2-15 对刀设置

6. 自动加工

单击操作面板上的"自动运行"按钮，使其指示灯变亮；再单击操作面板上的"循环启动"按钮，程序开始执行。执行零件自动加工的过程如图 2-16 所示。

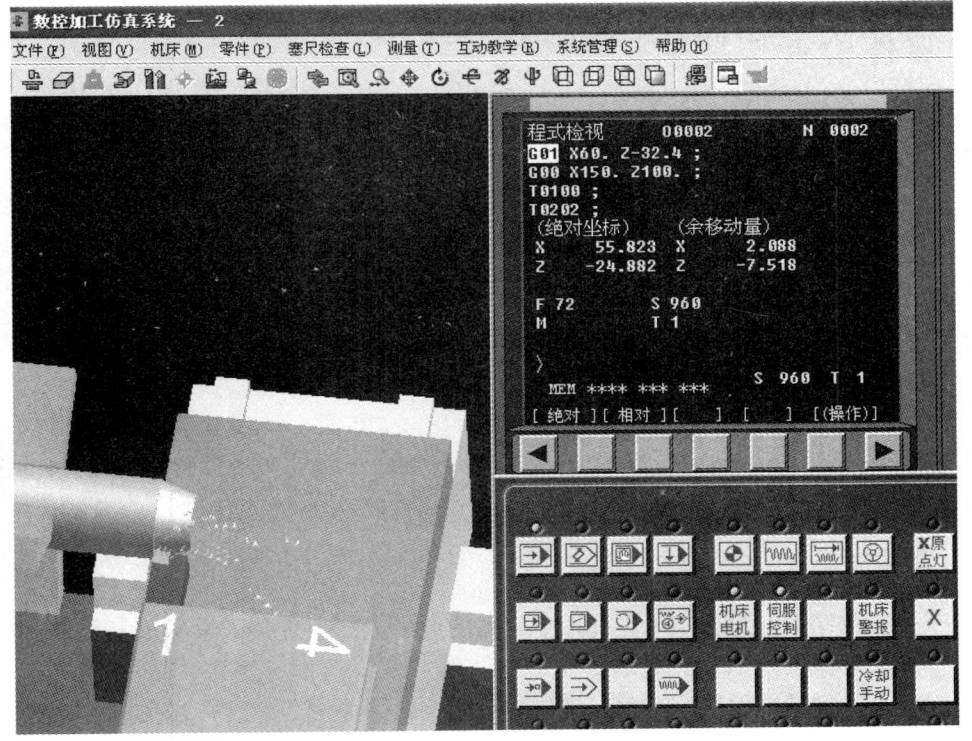

图 2-16 零件自动加工的过程

最终的零件加工结果如图 2-17 所示。

图 2-17　零件加工结果

2.4　零件检查与评估

2.4.1　检测项目

1）检查走刀轨迹的正确性。
2）检查最终的零件形状是否正确。
3）检查操作过程是否规范。
4）检查零件的尺寸是否合格。

2.4.2　检测方法

选择"测量"菜单，然后选择下拉菜单中的"剖面图测量"，分别对相应的尺寸进行检测，如图 2-18 所示。

2.4.3　评估总结

1）根据检测结果，总结产生零件尺寸偏差的原因，找出优化刀具轨迹和控制零件尺寸的方法。
2）对整个学习情境的执行过程与结果给一个综合的评价。

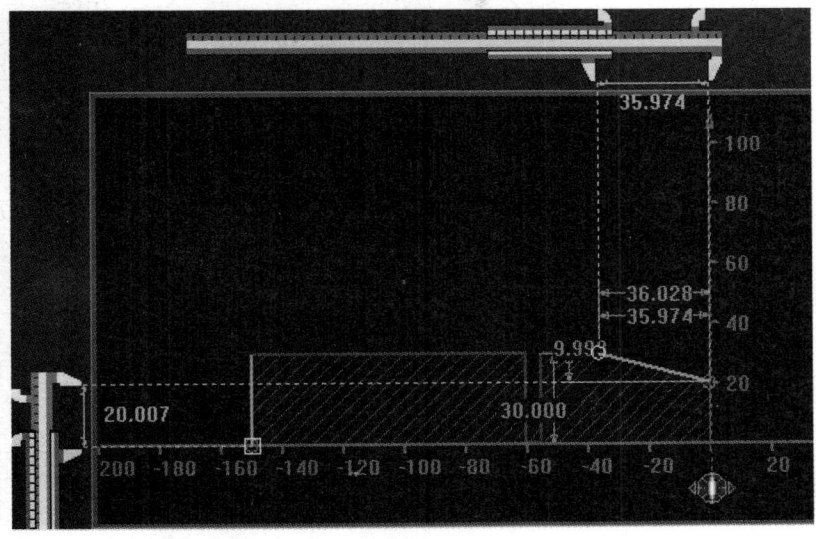

图 2-18 尺寸检测

实训二 零件圆锥表面的数控车削加工仿真实训

一、实训目的

1）熟悉 FANUC 0iT 系统的面板。
2）进一步熟悉开机、对刀、程序编辑调试以及机床操作等基本操作。
3）能正确仿真加工圆柱、圆锥表面及端面的综合零件。

二、实训内容

完成如图 2-19 所示零件的数控车削加工仿真。

三、实训步骤

1）选择 FANUC 0iT 系统。
2）定义毛坯、装夹及调整位置。
3）刀具的选择、装夹以及创建刀具。
4）回零操作。
5）对刀,包括工件原点在不同位置的对刀方法。
6）程序的输入、编辑和调试。
7）自动加工。
8）测量。

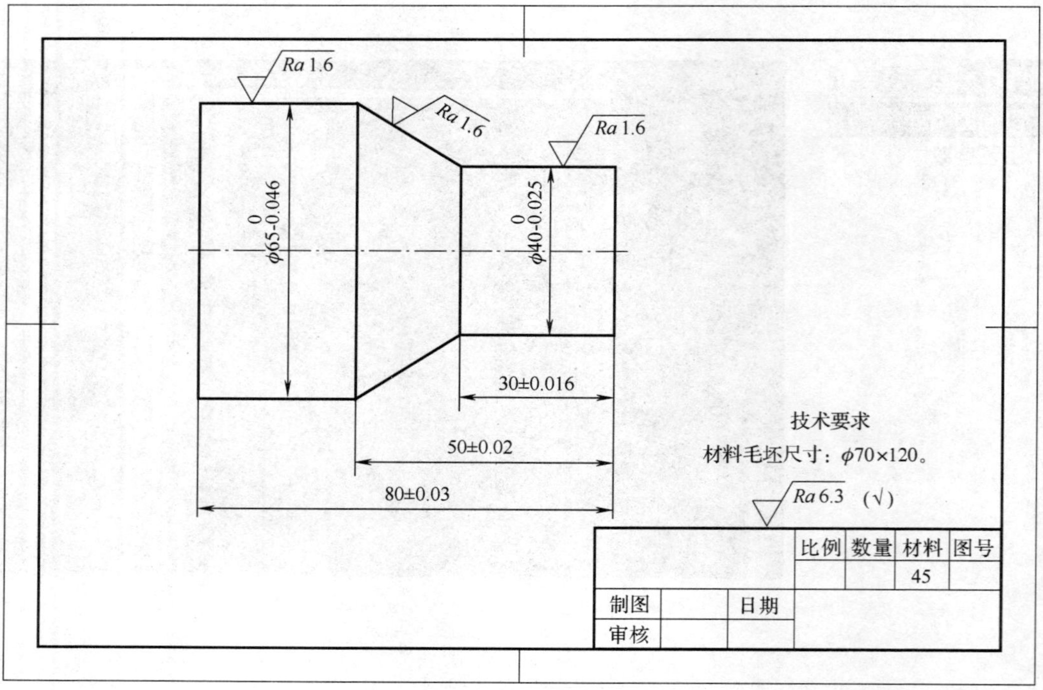

图 2-19 实训二零件图

四、实训报告

填写实训报告，见表2-4。

表 2-4　实训报告二

学　号		姓　名		实训时间	
	实训设备				
加工验证正确的数控车削程序					
备注：					

本课题小结

本课题主要围绕零件圆锥表面的数控车削加工进行介绍,重点介绍了圆锥表面的加工思路以及圆锥车削加工的走刀路线形式和特点;还介绍了数控车削编程中刀尖圆弧半径补偿的原理、作用和方法,圆锥车削程序的编制,以及利用软件对编制的圆锥数控车削程序进行仿真的方法。

本课题的难点是数控车削加工中刀尖圆弧半径的应用,加工过程中刀具补偿参数的设定,以及如何根据加工结果正确合理地修改刀具补偿值;零件圆锥表面的数控车削粗、精加工的走刀路线以及相关基点计算,刀具补偿指令 G41、G42、G40 等的格式和正确使用,仿真软件的基本操作。

通过本课题的学习,应该了解数控车削加工中刀具补偿的意义和方法,数控车削圆锥表面的基本思路等;掌握数控车削加工中如何根据具体情况设置刀具补偿,如何根据不同的工件建立合理的工件坐标系,掌握数控车削圆锥表面的走刀路线,掌握仿真软件的基本操作;会编制零件圆锥表面的数控车削加工程序并正确调试、检验、加工,能解决加工中的常见问题。

【练习题】

一、判断题(正确的在括号里画√,错误的画×)

1. 增量尺寸指机床运动部件的坐标尺寸值相对于前一位置给出。( )
2. 数控车床适宜加工轮廓形状特别复杂或难于控制尺寸的回转体零件、箱体类零件、精度要求高的回转体类零件和特殊的螺旋类零件等。( )
3. 刀尖点编出的程序在进行倒角、锥面及圆弧切削时,则会产生少切或过切现象。( )
4. 车床常用刀具补偿格式为:T xx xx,即 T 后可跟 4 位数,其中前两位表示刀具号,后两位表示刀具补偿值。( )
5. 刀具补偿功能包括刀补的建立和刀补的执行两个阶段。( )
6. 同一部分加工内容,采用数控加工一定比传统切削加工的精度要高,经济性好。( )
7. 数控车床加工凹槽完成后需快速退回换刀点,现用 N200 G00 X80.;N210 Z50.;程序完成退刀。( )
8. 数控机床所有的操作都是自动完成的。( )
9. 计算机自动编程过程中所有的工作都是计算机和软件自动完成的。( )
10. G 代码可以分为模态 G 代码和非模态 G 代码。( )

二、选择题(将正确的答案填在括号里)

1. 回转体表面的加工余量是( )。
   A. 对称余量　　B. 单边余量　　C. 工序余量　　D. 直径余量
2. 数控加工选择刀具时一般应优先采用( )。
   A. 标准刀具　　B. 专用刀具　　C. 复合刀具　　D. 都可以
3. 图样中未标注公差尺寸的极限偏差,相应的技术文件有具体规定,一般规定为

（　　）。

   A. IT10～IT14　　　B. IT12～IT18　　　C. IT18　　　D. IT0

4. FANUC 系统中，（　　）必须在操作面板上预先按下"选择停止开关"时才起作用。

   A. M01　　　　　B. M00　　　　　C. M02　　　　　D. M30

5. 加工精度高、（　　）、自动化程度高、劳动强度低、生产率高等是数控机床加工的特点。

   A. 加工轮廓简单、生产批量又特别大的零件
   B. 对加工对象的适应性强
   C. 装夹困难或必须依靠人工找正、定位才能保证其加工精度的单件零件
   D. 适于加工余量特别大、材质及余量都不均匀的坯件

6. 在加工过程中，刀具磨损但能够继续使用，为了不影响工件的尺寸精度，应该进行（　　）。

   A. 换刀　　　　B. 刀具磨损补偿　　C. 修改程序　　　D. 改变切削用量

7. 相对编程是指（　　）。

   A. 相对于加工起点位置进行编程　　　B. 相对于下一点的位置编程
   C. 相对于当前位置进行编程　　　　　D. 以方向正负进行编程

8. 数控编程时，应首先设定（　　）。

   A. 机床原点　　B. 固定参考点　　C. 机床坐标系　　D. 工件坐标系

9. 检验程序正确性的方法不包括（　　）方法。

   A. 空运行　　　B. 图形动态模拟　　C. 自动校正　　　D. 试切削

10. 编程中设定定位速度 F1＝5000mm/min，切削速度 F2＝100mm/min，如果进给速度倍率为 80%，则实际进给速度为（　　）。

    A. F1＝4000，F2＝80　　　　　　B. F1＝5000，F2＝100
    C. F1＝5000，F2＝80　　　　　　D. 以上都不对

11. 快速定位指令 G00 的移动速度由（　　）。

    A. F 指令指定　　　　　　　　　B. 由系统的最高速度确定
    C. 用户指定

12. 有关数控机床坐标系的说法，其中（　　）是正确的。

    A. 主轴旋转的顺时针方向是按右旋螺纹进入工件的方向。
    B. Z 轴的正方向是使刀具趋近工件的方向。
    C. 工件相对于静止的刀具而运动的原则。

13. 闭环控制系统的反馈装置装在（　　）

    A. 传动丝杠上　B. 电动机轴上　　C. 机床工作台上　D. 减速器上

14. 数控系统中，（　　）指令在加工过程中是模态的。

    A. G01、F　　　B. G27、G28　　　C. G04　　　　　D. M02

15. 辅助功能 M08 代码表示（　　）。

    A. 程序停止　　B. 切削液开　　　C. 主轴停止　　　D. 主轴顺时针转动

三、简答题

1. 什么是绝对方式编程？什么是增量方式编程？在数控车床上用哪些方法区别这两种

方式?

2. 简述在数控车床上,主轴转速控制指令 G50 \ G96 \ G97 分别代表什么含义?分别用于哪些场合?

3. 简述刀位点、换刀点和工件坐标原点。

4. 什么是走刀路线?确定走刀路线的一般原则是什么?

5. 简述在车削加工中,刀尖圆弧半径补偿的意义是什么?写出刀尖圆弧半径补偿的建立格式,并说明建立刀尖圆弧半径补偿的注意事项。

6. 数控车床有哪些常用的对刀方法?各种方法有何特点?

课题3 零件圆弧表面的数控车削加工

3.1 零件图样分析

如图 3-1 所示的轴类零件,毛坯是 φ62mm×100mm 的棒材,材料为 45 钢,可加工性较好。零件主要是由圆柱面和圆弧面组成的简单回转体零件,而且形状较简单,除右端圆弧和圆柱面尺寸和精度要求较高,需要进行粗车和精车分开加工外,其余部分的尺寸和表面精度要求都不高。

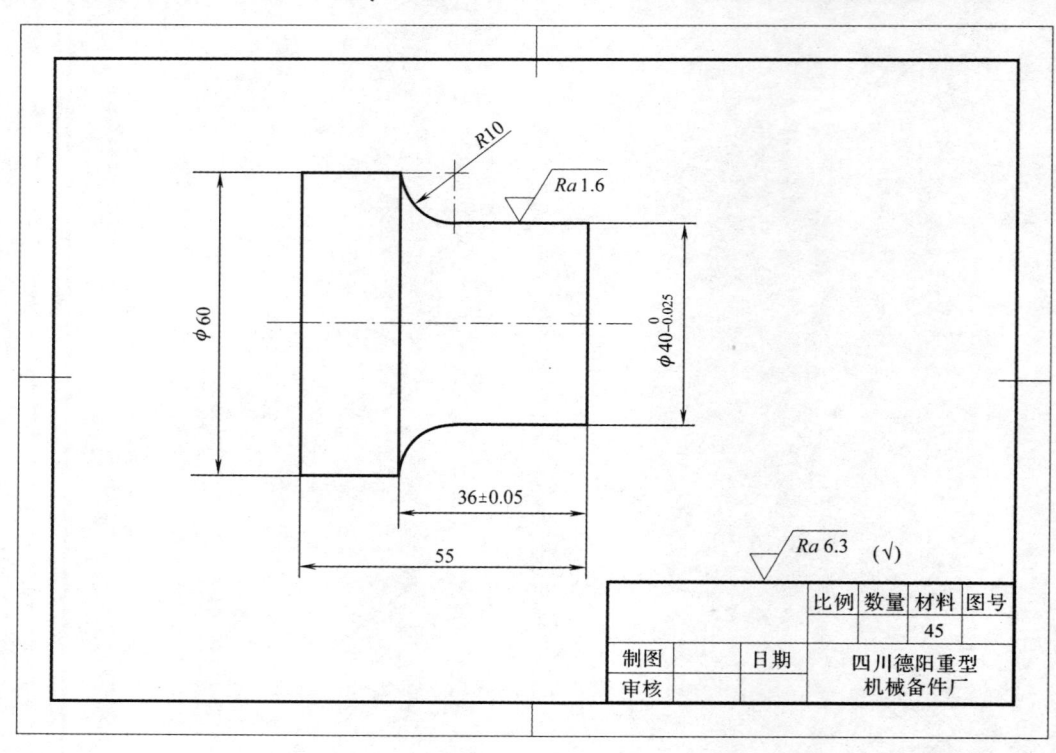

图 3-1 零件图

3.2 零件车削准备

3.2.1 工艺准备

加工该零件需要考虑以下问题。

1. 选择加工机床设备

根据零件图样要求，选用经济型数控车床即可达到要求。选用 CK3050 型卧式数控车床，控制系统为 FANUC 0i 数控系统。

2. 确定零件的定位基准和装夹方式

（1）定位基准　确定零件毛坯料轴线和左端面为定位基准。

（2）装夹方式　采用自定心卡盘夹持一端，一次装夹完成粗、精加工。

3. 确定加工顺序及走刀路线

1）从右至左粗加工各表面，留精加工余量 0.5mm。

2）从右至左连续精加工各表面，达到加工要求并切断。

4. 刀具选择

根据加工要求，选用 4 把刀具，T01 为端面车刀，T02 为 90°外圆粗车车刀，T03 为外圆精车车刀，T04 为切断刀，刀宽为 4mm（刀尖补偿设置在左刀尖处）。

加工前，需要将每把刀安装好之后，对好刀并将刀偏值输入对应的刀具参数中。

5. 确定切削用量

根据被加工零件的表面质量要求及刀具材料和工件材料，参考切削用量手册或有关资料选取切削速度和每转进给量，然后利用公式 $n = \dfrac{1000v_c}{\pi D}$ 计算主轴转速（r/min），车端面选用 S600、F0.2，粗车外圆选用 S800、F0.2，精车外圆选用 S1200、F0.1，切槽选用 S300、F0.1。

6. 编制数控加工程序

选用 FANUC 0i 数控系统指令格式，先设定工件原点为工件右端面和轴心线的交点，计算基点坐标，然后编写数控加工程序并检验。

7. 熟悉数控车床的基本操作

1）能够通过操作面板手动输入加工程序及有关参数并编辑、修改。

2）工件设定及装夹，刀具选用及安装。

3）对刀。

4）程序仿真及自动加工。

8. 对零件的加工过程进行必要的控制和对加工后的零件进行全面检验

分析影响零件加工最终质量的因素，这些因素可能包括走刀轨迹及程序的正确性、对刀方法的正确性和刀尖圆弧半径补偿的正确设置等，以便在后续的实施过程中重点关注。

3.2.2　相关基础知识准备

1. 圆弧插补指令 G02/G03 的含义及判断方法

G02 为按指定进给速度的顺时针圆弧插补。G03 为按指定进给速度的逆时针圆弧插补。

圆弧顺、逆方向的判别：沿着不在圆弧平面内的坐标轴，由正方向向负方向看，顺时针方向为 G02，逆时针方向为 G03，如图 3-2 所示。

2. 圆弧插补 G02/G03 的指令格式

指令格式：G02　X（U）＿　Z（W）＿R＿（I＿K＿）　F＿；
　　　　　G03　X（U）＿　Z（W）＿R＿（I＿K＿）　F＿；

其中　X、Z（U，W）——圆弧终点坐标；

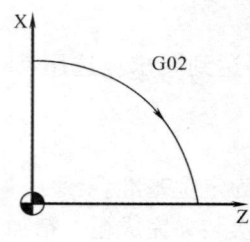 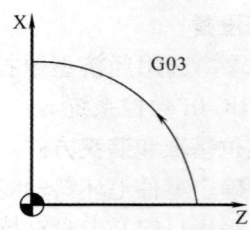

图 3-2　G02/G03 的判断

　　R ——圆弧半径；
　　I ——圆心相对于圆弧起点的径向增量坐标值；
　　K ——圆心相对于圆弧起点的轴向增量坐标值。

说明：

1) 圆弧半径编程时，当加工圆弧段所对的圆心角为 0～180°时，R 取正值；当圆心角为 180°～360°时，R 取负值；用半径 R 指定圆心坐标时，不能描述整圆。同一程序段中 I、K、R 同时指令时，R 优先，I、K 无效。

2) X、Z 同时省略时，表示起、终点重合；若用 I、K 指令圆心，相当于指令了 360°的弧；若用 R 编程时，则表示指令 0°的弧。

　　G02（G03）　　I＿；　　　　整圆
　　G02（G03）　　R＿；　　　　不动

3) 当采用绝对坐标编程时，圆弧终点坐标为圆弧终点在坐标系中的绝对坐标值，用 X、Z 表示。当采用增量坐标编程时，圆弧终点坐标为圆弧终点相对于圆弧起点的增量坐标值，可以用 X、Z 或者 U、W 表示。

4) 无论用绝对还是用相对编程方式，I、K 都为圆心相对于圆弧起点的坐标增量，为零时可省略。

5) 数控车床的刀架位置有两种形式，即刀架在操作者的同侧或者在操作者的外侧，因此应根据刀架的位置判断圆弧插补的顺逆方向。

3. 编程举例

（1）编程举例 1　精车如图 3-3 所示的轮廓，其程序如下：

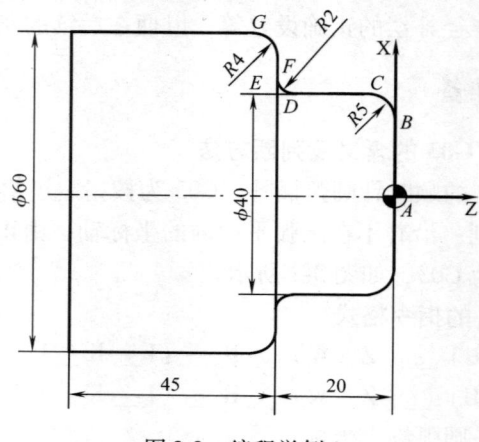

图 3-3　编程举例 1

```
G01  X30.0  F0.2;
G03  X40.0  Z-5.0  R5.0;  } B~C 逆时针切削
G01  Z-18.0;
G02  X44.0  W-2.0  R2.0;  } D~E 顺时针切削
G01  X52.0;
G03  X60.0  Z-24.0  R4.0; } F~G 逆时针切削
G01  Z-55.0;
```

（2）编程举例 2　精车如图 3-4 所示的轮廓，其程序编写如下：

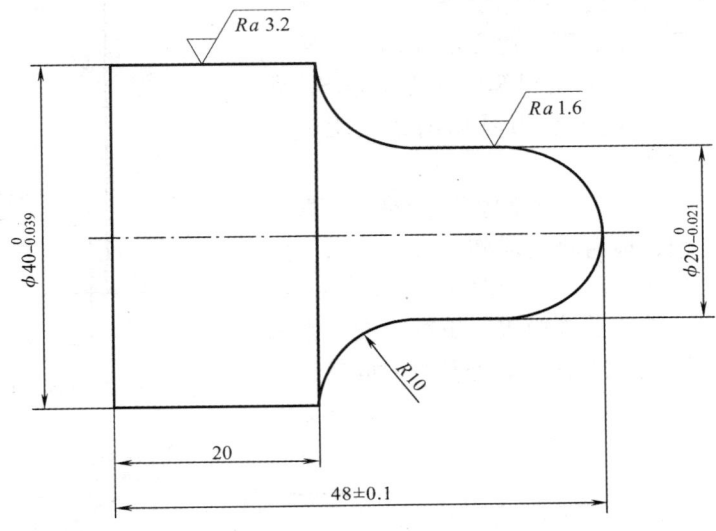

图 3-4　编程举例 2

```
O0002;
T0101;
G50  S2500;
S1200  M03;
G00  X5  Z1;
G01  X0  F0.05;
G03  X20  Z-10  R10;
G01  Z-18;
G02  X40  Z-28  R10;
G01  Z-48;
G00  X150  Z50;
T0100;
M30;
```

3.3 车削方案实施

3.3.1 加工方式的确定

应用 G02（或 G03）指令车圆弧，若用一刀就把圆弧加工出来，这样背吃刀量太大，容易打刀。所以，实际车圆弧时，需要多刀加工，先将大多余量切除，最后才车得所需圆弧。

图 3-5 所示为车圆弧的阶梯切削路线，即先粗车成阶梯，最后一刀精车出圆弧。此方法在确定了每刀背吃刀量 a_p 后，须精确计算出粗车的终点刀距 S，即求圆弧与直线的交点。此方法刀具切削运动距离较短，但数值计算较繁琐。

图 3-6 所示为车圆弧的同心圆弧切削路线，即用不同的半径圆来车削，最后将所需圆弧加工出来。此方法在确定了每次背吃刀量 a_p 后，对 90°圆弧的起点、终点坐标较易确定，数值计算简单，编程方便，常采用。但按图 3-6b 所示路线加工时，空行程时间较长。

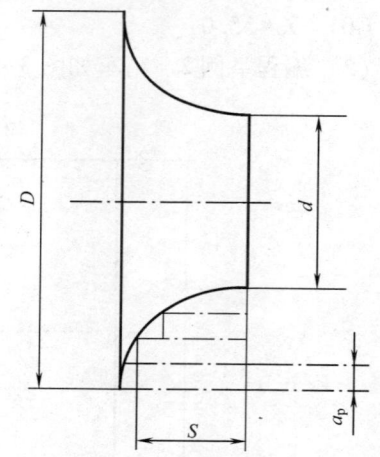

图 3-5 车圆弧的阶梯切削路线

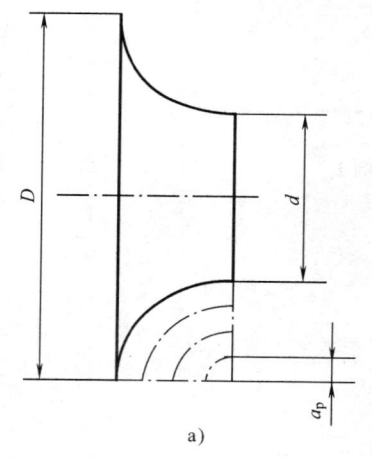
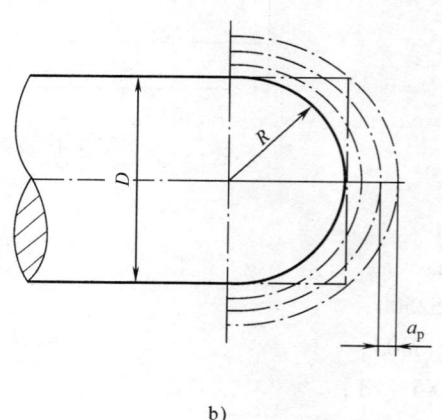

a)   b)

图 3-6 车圆弧的同心圆弧切削路线

图 3-7 所示为车圆弧的车锥法切削路线，即先车一个圆锥，再车圆弧。但要注意车锥时的起点和终点的确定，若确定不好，则可能损坏圆锥表面，也可能将余量留得过大。连接 OC 交圆弧于 D，过 D 点作圆弧的切线 AB。

由几何关系 $CD = OC - OD = \sqrt{2}R - R = 0.414R$，此为车锥时的最大切削余量，即车锥时，加工路线不能超过 AB 线。由图示关系，可得 $AC = BC = 0.586R$，这样可确定出车锥时的起点和终点。当 R 不太大时，可取 $AC = BC = 0.5R$。此方法数值计算较繁琐，刀具切削路线短。

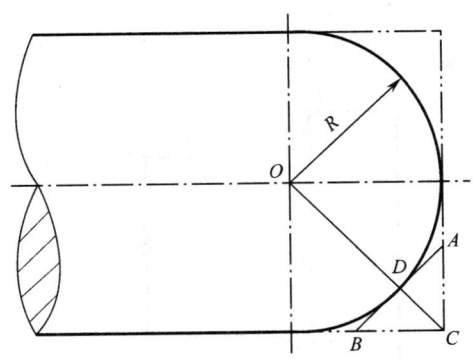

图 3-7 车圆弧的车锥法切削路线

3.3.2 走刀路线的确定

编写零件加工程序,必须先确定走刀路线,计算出编程需要的坐标。根据前面介绍的车圆弧走刀路线,选择同心圆弧切削路线。该零件的粗加工走刀路线如图 3-8 所示,其基点坐标见表 3-1,每次背吃刀量 a_p 为 3mm,精车余量 a_p 为 1mm。精加工走刀路线如图 3-9 所示,其基点坐标见表 3-2。端面加工及切断加工轨迹不再重复介绍。

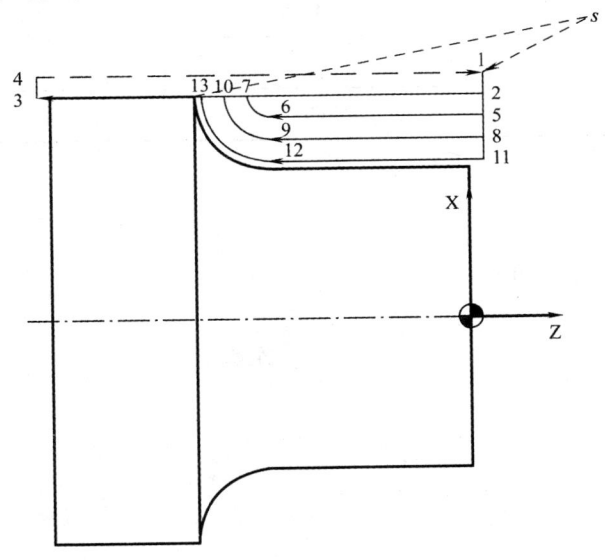

图 3-8 粗加工走刀路线

表 3-1 粗加工基点坐标

序 号	X 坐标	Z 坐标	序 号	X 坐标	Z 坐标
S	200	100	7	48	3
1	65	3	8	48	−26
2	60	3	9	60	−32
3	60	−59	10	42	3
4	65	−59	11	42	−26
5	54	3	12	60	−35
6	54	−26	13	48	3

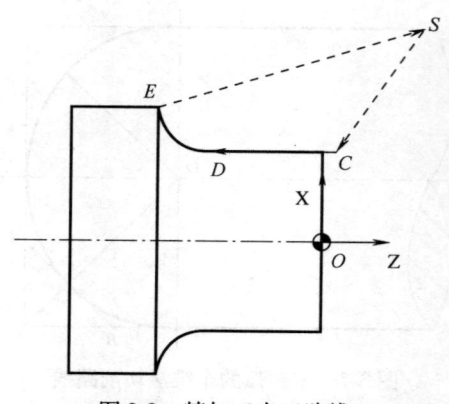

图 3-9 精加工走刀路线

表 3-2 精加工走刀路线基点坐标

序 号	X 坐标	Z 坐标
S	200	100
C	40	3
D	40	-26
E	60	-36

3.3.3 编制程序

该零件的加工参考程序如下：
O0003；
T0101；   车端面
G00 X100 Z100；
S600 M03；
G00 X65 Z0；
G01 X-1 F0.2；
G00 X150 Z100；
T0100；
T0202；   粗车外圆
S800 M03；
G00 X60 Z2；
G01 Z-60 F0.2；
X65；
G00 Z2；
G00 X54 Z2；
G01 Z-26 F0.1；

```
G02  X60  Z-29  R3;
G00  Z2;
G00  X48;
G01  Z-26;
G02  X60  Z-32  R6;
G00  Z2;
G00  X42;
G01  Z-26;
G02  X60  Z-35  R9;
G00  X150  Z100;
T0200;
T0303;                        精车外圆
S1200  M03;
G00  X40  Z2;
G42  G01  X40  Z0  F0.04;
G01  Z-26;
G02  X60  Z-36  R10;
G40  G00  X150  Z100;
T0300;
T0404;                        切断
S400  M03;
G00  X65  Z-59;
G01  X-1  F0.1;
G00  X150;
G00  Z100;
T0400;
M30;
```

3.3.4 零件加工仿真

1. 开机、回参考点及选择机床

选择 FANUC 0i 数控系统，平床身前置刀架。

2. 程序输入

单击操作面板上的编辑键，编辑状态指示灯变亮，此时已进入编辑状态。单击 MDI 键盘上的按钮，由 CRT 界面转入编辑页面。再按菜单软键［操作］，在出现的下级子菜单中按软键，按菜单软键［READ］，单击 MDI 键盘上的数字/字母键，输入"O0003"，按软键［EXEC］；单击菜单中的"机床/DNC 传送"项，在弹出的对话框中选择所需的 NC 程序，按"打开"按钮，则数控程序被导入并显示在 CRT 界面上，如图 3-10 所示。

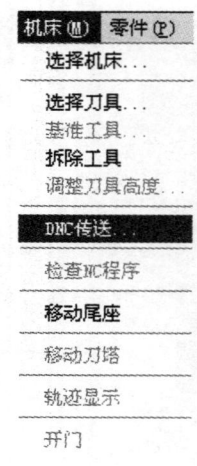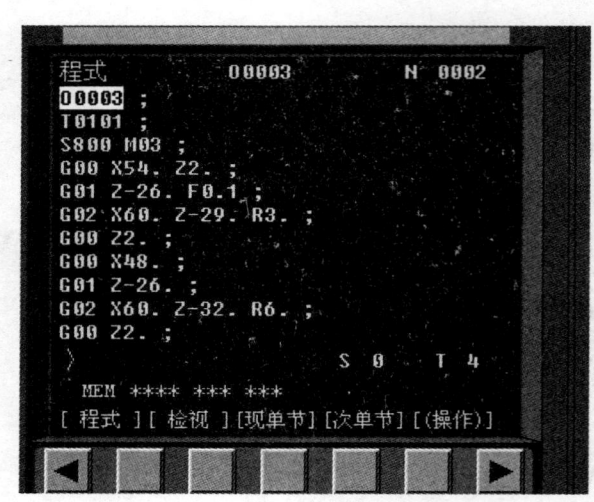

图 3-10　程序调入

注：切断程序中有一句 X-1 改为 X1，因为切断了，零件不能正确检测。

3. 定义毛坯及装夹

参见前面的定义毛坯及装夹方法。

4. 刀具的选择及安装

参见前面的相关内容定义选择、安装车刀。

5. 对刀

在此采用"输入刀具偏移量"方式。

第一步：用所选刀具试切工件外圆。单击"主轴停止"按钮，使主轴停止转动，单击菜单中的"测量/坐标测量"项，得到试切后的工件直径，比如记为 α。

保持 X 轴方向不动，刀具退出。单击 MDI 键盘上的键，进入形状补偿参数设定界面，将光标移到与刀位号相对应的位置，输入 Xα，按菜单软键［测量］，对应的刀具偏移量自动输入，如图 3-11 所示。

第二步：试切工件端面。把端面在工件坐标系中的 Z 坐标值记为 β（此处以工件端面中心点为工件坐标系原点，则 β 为 0）。

保持 Z 轴方向不动，刀具退出。进入形状补偿参数设定界面，将光标移到相应的位置，输入 Z$_\beta$，按［测量］软键，对应的刀具偏移量自动输入，如图 3-12 所示。

第三步：按照第一、二步的对刀方法，对其余两把刀具进行对刀及设置，如图 3-13 所示。

6. 自动加工

单击操作面板上的"自动运行"按钮，使其指示灯变亮。单击操作面板上的"循环启动"按钮，程序开始执行。执行零件自动加工过程如图 3-14 所示。

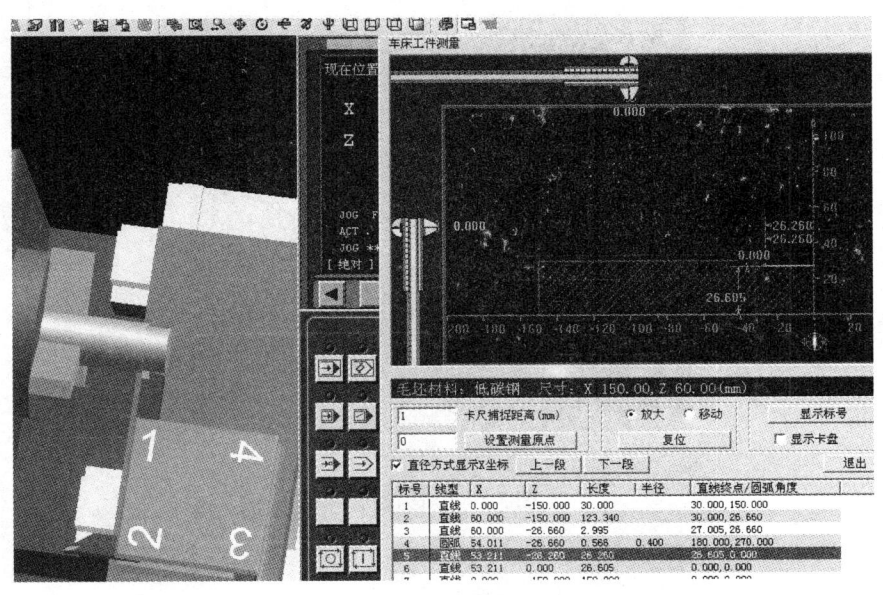

图 3-11　外圆对刀

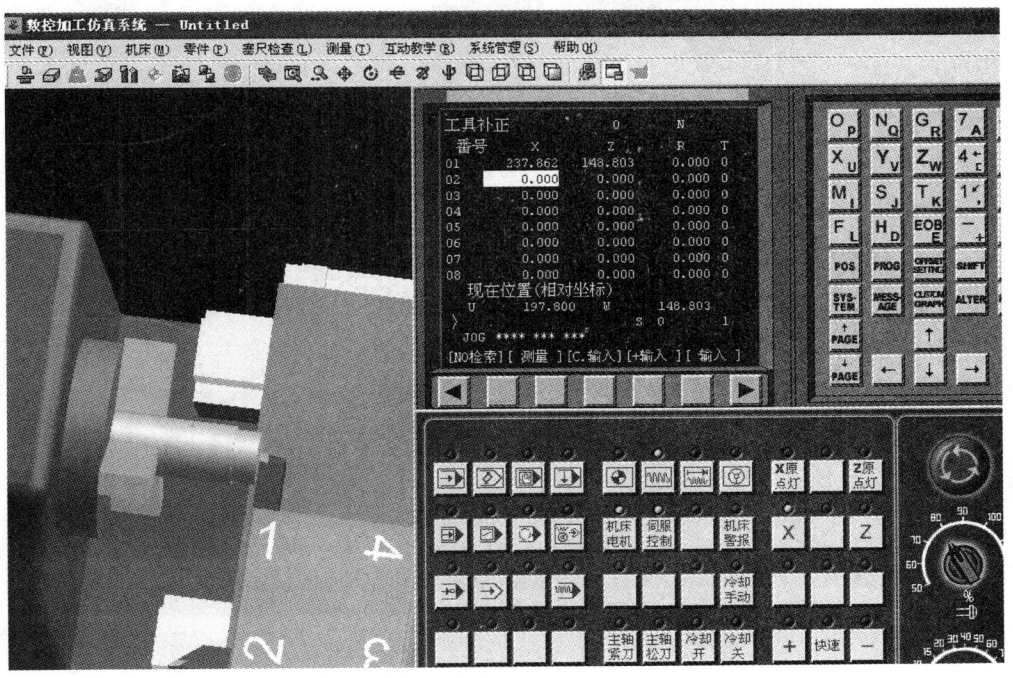

图 3-12　端面对刀

图 3-13 对刀设置

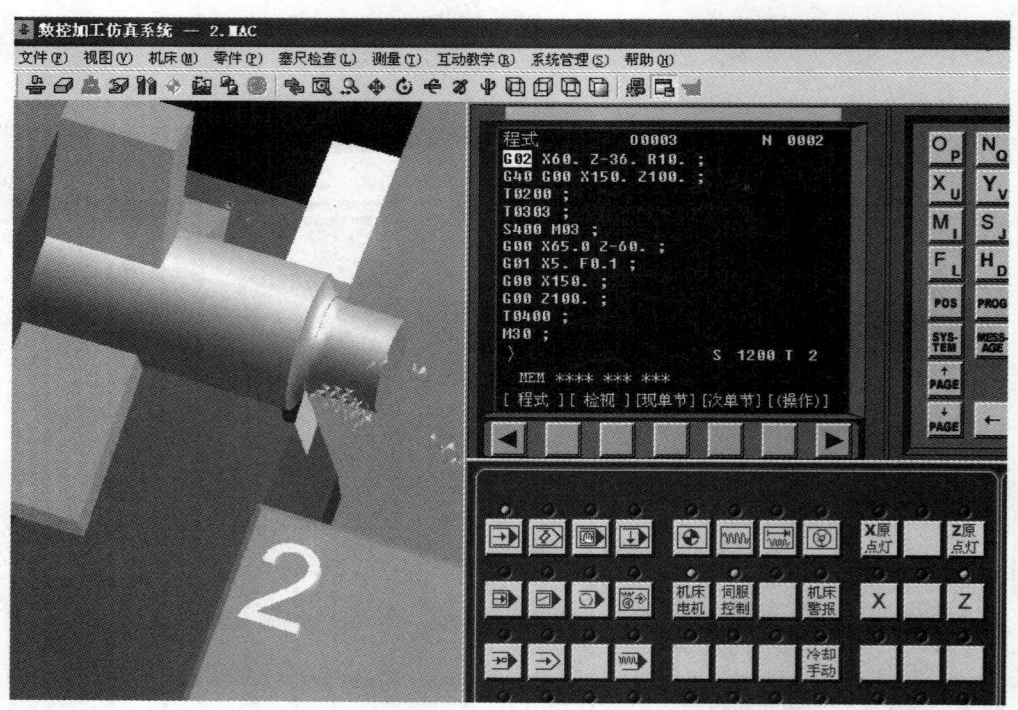

图 3-14 零件自动加工过程

最终的零件加工结果如图 3-15 所示。

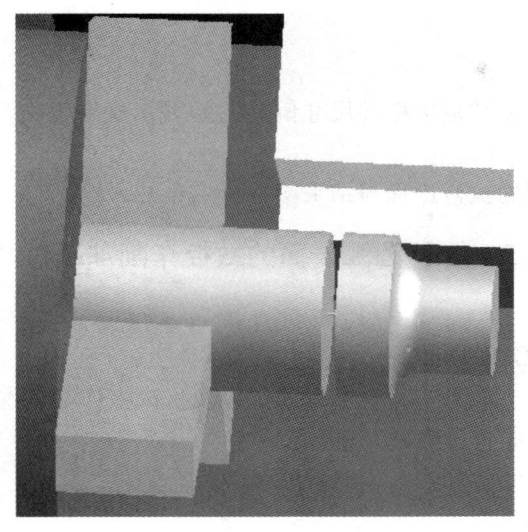

图 3-15 零件加工结果

3.4 零件检查与评估

3.4.1 检测项目

1）检查走刀轨迹的正确性。
2）检查最终的零件形状是否正确。
3）检查操作过程是否规范。
4）检查零件的尺寸是否合格。

3.4.2 检测方法

选择"测量"菜单，然后选择下拉菜单中的"剖面图测量"项，分别对相应的尺寸进行检测，如图 3-16 所示。

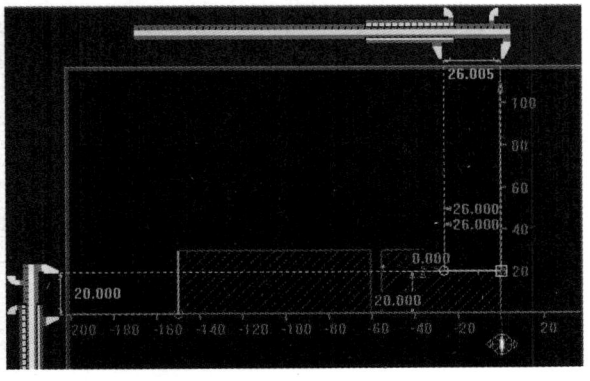

图 3-16 尺寸检测

3.4.3 评估总结

1) 根据检测结果，总结发生零件尺寸偏差的原因，找出优化刀具轨迹和控制零件尺寸的方法。
2) 对整个学习课题的执行过程与结果给一个综合的评价。

实训三　零件圆弧表面的数控车削加工仿真实训

一、实训目的

1) 继续熟悉 FANUC 0iT 系统的面板。
2) 进一步熟悉开机、对刀、程序编辑调试以及机床操作等基本操作。
3) 正确调试顺、逆时针圆弧的车削加工程序。
4) 能正确仿真加工圆柱和顺、逆时针圆弧的综合零件。

二、实训内容

完成如图 3-17 所示零件的数控车削加工仿真。

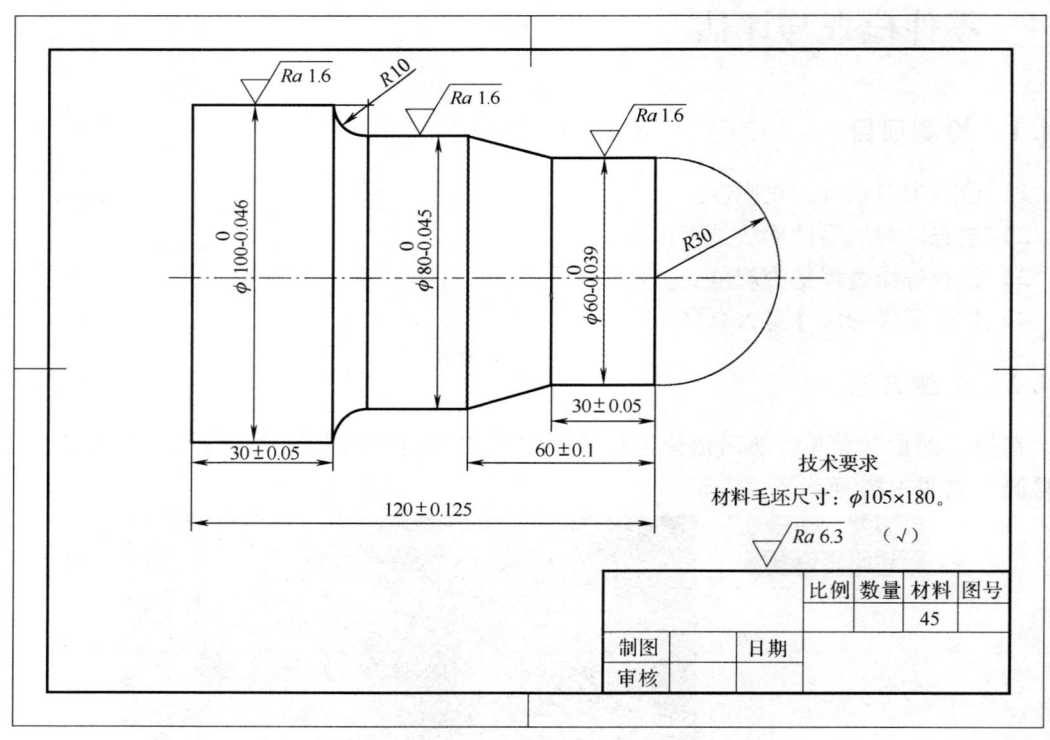

图 3-17　实训三零件图

三、实训步骤

1）选择 FANUC 0iT 系统。
2）定义毛坯、装夹及调整位置。
3）刀具的选择、装夹以及创建刀具。
4）回零操作。
5）对刀，包括工件原点在不同位置的对刀方法。
6）程序的输入、编辑和调试。
7）自动加工。
8）测量。

四、实训报告

填写实训报告，见表3-3。

表 3-3 实训报告三

学　号		姓　名		实训时间	
实训设备					
加工验证正确的数控车削程序					

备注：

本课题小结

本课题主要围绕零件圆弧表面的数控车削加工进行介绍，重点介绍了圆弧表面的加工思路以及圆弧车削加工的走刀路线形式和特点；继续强调了数控车削编程中刀具补偿的原理、作用和方法，圆弧车削程序的编制，以及利用软件对编制的圆弧数控车削程序进行仿真的方法。

本课题的难点是数控车削加工中刀具补偿在圆弧车削中的应用，加工过程中刀具补偿参数的设定，以及如何根据加工结果正确合理地修改刀具补偿值；零件圆弧表面的不同的数控车削粗、精加工的走刀路线形式以及相关基点的计算方法，圆弧指令G02、G03等的格式和正确使用，如何正确判断圆弧的顺逆情况，圆弧零件的正确仿真操作。

通过本课题的学习，应该了解数控车削圆弧表面的基本思路和方法等；掌握数控车削加工中如何根据具体情况正确判断圆弧的顺逆情况，并正确使用编程指令完成圆弧的数控车削加工编程，掌握数控车削圆弧表面的走刀路线和基点的正确计算，掌握相对坐标和绝对坐标的区别，掌握圆弧数控车削加工的仿真软件的基本操作；会编制零件圆弧表面的数控车削加工程序并正确调试、检验、加工，能解决加工中的常见问题。

【练习题】

一、判断题（正确的在括号里画√，错误的画×）

1. 数控加工过程中，主轴转速倍率开关和进给速度倍率开关随时均有效。（ ）
2. 圆弧插补中，对于整圆，其起点和终点相重合，用R编程无法定义，所以只能用圆心坐标编程。（ ）
3. 数控加工程序中绝对尺寸和增量尺寸不能同时出现在同一程序段中。（ ）
4. 数控铣床中，执行程序段"G91 G03 X0 Y0 I-20 J0 F60;"时，刀具不产生任何移动。（ ）
5. 在FANUC系统中，程序段号均可以省略不写。（ ）
6. 顺时针圆弧插补（G02）和逆时针圆弧插补（G03）的判别方法是：沿着不在圆弧平面内的坐标轴负方向向正方向看去，顺时针方向为G02，逆时针方向为G03。（ ）
7. 数控铣床中，刀具中心在X0Y0处，执行程序段"G91 G03 X-40 Y0 I-20 J0 F60;"时，刀具中心的运动轨迹是一段半径为R20mm的半圆。（ ）
8. 数控车床加工凹槽完成后需快速退回换刀点，现用"N180 G00 X80. Z50.;"程序完成退刀。（ ）
9. 在编写圆弧插补程序时，若用半径R指定圆心位置，不能描述整圆。（ ）
10. 当采用半径指定圆心的位置时，由于在同一半径R的情况下，从圆弧起点到终点有两个圆弧的可能性，为区别两者，规定圆弧对应的圆心角 $0 < \alpha \leq 180°$ 时，用 $-R$ 表示；圆弧对应的圆心角 $180° < \alpha < 360°$ 时，用 $+R$ 表示。（ ）

二、选择题（将正确的答案填在括号里）

1. 设G01 X30 Z6；执行G91 G01 Z15；后，正方向实际移动量（ ）。
   A. 9mm   B. 21mm   C. 15mm
2. 当用G02/G03指令对被加工零件进行圆弧编程时，下面关于使用半径R方式编程的说明不正确的是（ ）。
   A. 整圆编程不采用该方式编程　　　　B. 该方式与使用 I、J、K 效果相同
   C. 大于 180°的弧 R 取正值　　　　　　D. R 可取正值也可取负值，但加工轨迹不同
3. 用来指定圆弧插补的平面和刀具补偿平面为 XZ 平面的指令（ ）。
   A. G16　　　　　B. G17　　　　　C. G18　　　　　D. G19
4. 暂停 5s，下列指令正确的是（ ）。
   A. G04　P5000；　B. G04　P500；　C. G04　P50；　D. G04　P5；
5. 当数控机床的手动脉冲发生器的选择开关位置在 X100 时，手轮的进给单位是（ ）。
   A. 0.1mm/格　　　B. 0.001mm/格　　C. 0.01mm/格　　D. 1mm/格
6. 判断数控车床（只有 X、Z 轴）圆弧插补的顺逆时，观察者沿圆弧所在平面的垂直坐标轴（Y 轴）的负方向看去，顺时针方向为 G02，逆时针方向为 G03。通常，圆弧的顺逆方向判别与车床刀架位置有关，如图 3-18 所示，正确的说法是（ ）。
   A. 图 3-18a 表示刀架在机床前面时的情况
   B. 图 3-18b 表示刀架在机床后面时的情况
   C. 图 3-18b 表示刀架在机床前面时的情况
   D. 以上说法均不正确

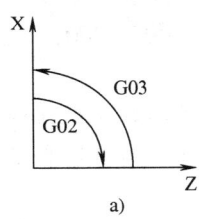
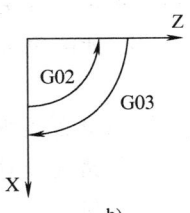

图 3-18　圆弧的顺逆方向与刀架位置的关系

7. 用 FANUC 系统的指令编程，程序段 G02　X__Z__I__K__；中的 G02 表示（ ），I 和 K 表示（ ）。
   A. 顺时针插补，圆心相对起点的位置
   B. 逆时针插补，圆心的绝对位置
   C. 顺时针插补，圆心相对终点的位置
   D. 逆时针插补，起点相对圆心的位置
8. 数控系统中 G54 与下列（ ）G 代码的用途相同。
   A. G03　　　　　B. G50　　　　　C. G56　　　　　D. G01
9. CK3050 数控车床，刀尖点在任意位置处，执行完程序段"G01　U60　F0.1；"，刀尖点的位移量是（ ）。
   A. 30　　　　　B. 40　　　　　C. 50　　　　　D. 60
10. 数控机床工作时，当发生任何异常现象需要紧急处理时，应启动（ ）。
    A. 程序停止功能　B. 暂停功能　　C. 紧停功能
11. 圆弧插补程序段中，若采用圆弧半径 R 编程时，从起始点到终点存在两条圆弧线

段,当( )时,用-R表示圆弧半径。

A. 圆弧小于或等于180° B. 圆弧大于或等于180°
C. 圆弧小于180° D. 圆弧大于180°

12. CK3050数控车床,若机械原点与参考点重合,均处在正向极限位置,则自动返回参考点后,机械坐标系的示值为( )。

A. X0Z0　　　　　B. 开机时显示的值　C. X-300Z-400　　　D. 任意值

13. 当运行含有跳步符号"/"的程序段时,含有"/"的程序段( )。

A. 在任何情况下都不执行 B. 只有在跳步生效时才执行
C. 在任何情况下都执行 D. 只有跳步生效时才不执行

14. CK3050数控车床,若机械原点与参考点不重合,参考点处在正向极限位置,若测得机械原点距参考点的距离X向为321.875,Z向为576.183,则自动返回参考点后,机械坐标系的示值为( )。

A. X0Z0 B. X321.875,Z576.183
C. X-321.875,Z-576.183 D. 任意值

15. 圆弧切削用I、J表示圆心位置时,是以( )表示。

A. 增量值 B. 绝对值
C. G80 或 G81 D. G98 或 G99

16. 数控机床主轴以800r/min的转速正转时,其指令应是( )。

A. M03 S800; B. M04 S800; C. M05 S800;

三、简答题

1. 数控常用粗加工进给路线有哪些方式?精加工路线应如何确定?
2. 车削圆弧时,粗加工走刀线设计方法有哪些?请画图表示。
3. 简述数控车削加工程序的编制特点。
4. 数控车削加工过程中,在哪些情况下需要进行恒线速度控制?为什么?

课题4　零件平面的数控铣削加工

4.1　零件图样分析

如图 4-1 所示的轴类零件,毛坯是上、下面和四周侧面都加工完毕的 180mm × 120mm × 21mm 的方坯,材料为 45 钢,可加工性较好。零件加工表面是平面,加工余量较少,表面质量要求一般。

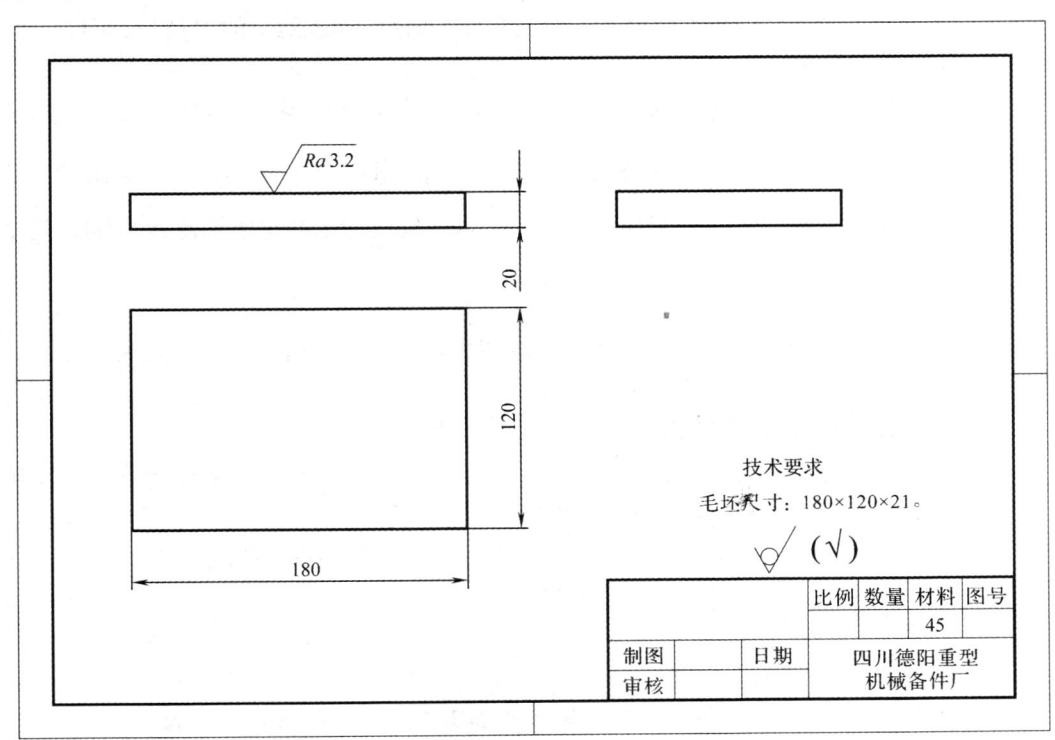

图 4-1　零件图

4.2　铣削加工前的准备

4.2.1　工艺准备

加工该零件需要考虑以下问题。

1. 选择加工机床设备

根据零件图样要求，选用经济型数控铣床或一般加工中心都可以达到要求。选用 KVC650 型立式数控加工中心，控制系统为 FANUC 0i 数控系统。

2. 确定零件的定位基准和装夹方式

（1）定位基准　因为毛坯质量较高，确定零件毛坯料底面和侧面为定位基准。

（2）装夹方式　采用机用虎钳夹持前后侧面，下面采用垫铁支撑，一次装夹找正后完成加工。

3. 确定加工顺序及走刀路线

由于零件高度方向余量较少，因此在高度方向可以一次进给到尺寸，而在 X、Y 平面上的加工顺序和走刀路线则与刀具尺寸和加工质量有关。根据该零件的特点，确定采用 $\phi50mm$ 的面铣刀，走刀路线采用往复加工的方式。

4. 刀具选择

根据加工要求，选用 1 把刀具，T01 为面铣刀。

加工前，需要将刀具安装好之后，对好刀并将刀偏值输入对应的刀具参数中。

5. 确定切削用量

根据被加工零件的表面质量要求、刀具材料和工件材料，参考切削用量手册或有关资料选取切削速度和每转进给量，然后利用公式 $n = \dfrac{1000v_c}{\pi D}$ 和 $v_f = fn(f = f_z z)$ 计算主轴转速（r/min）和进给速度（mm/min）。根据该零件的特点，确定加工的主轴转速为 S800，进给速度为 F100。

6. 编制数控加工程序

选用 FANUC 0i 数控系统指令格式，先设定工件原点为工件上表面的对称中心点，计算各基点坐标，然后编写数控加工程序并检验。

7. 熟悉数控铣床的基本操作

1）了解数控铣床或加工中心的型号、坐标系、人机界面及安全操作规程，能正确起动及停止机床，正确使用操作面板上的各功能键。

2）能够通过操作面板手动输入加工程序及有关参数并编辑、修改。

3）工件设定及装夹，刀具选用及安装。

4）对刀。

5）程序仿真及自动加工。

8. 对零件的加工过程进行必要的控制和对加工后的零件进行全面检验

分析影响零件加工最终质量的因素，这些因素可能包括走刀轨迹及程序的正确性、对刀方法的正确性和参数的正确设置等，以便在后续的实施过程中重点关注。

4.2.2　相关基础知识准备

1. 数控铣床的基本结构

数控铣床是由普通铣床演变而来的，主要类型有立式数控铣床和卧式数控铣床，其中以主轴位于垂直方向的立式数控铣床最为常见，如图 4-2 所示。对于升降台式的立式数控铣床，刀具安装在主轴前端，由主轴电动机带动作旋转主运动；工件装于工作台上，进给电动机带动工作台作纵向（X向）、横向（Y向）和垂直（Z向）三个坐标轴的进给运动，数控装置通过进给伺服系统可以同时控制两个或三个坐标轴的运动。立式数控铣床一般适宜对盘类、板类和套类零件进行加工，一次装夹可对上表面及周边轮廓进行铣削加工，也可对上表面进行孔的加工；卧式数控铣床则适宜对箱体类零件进行加工。

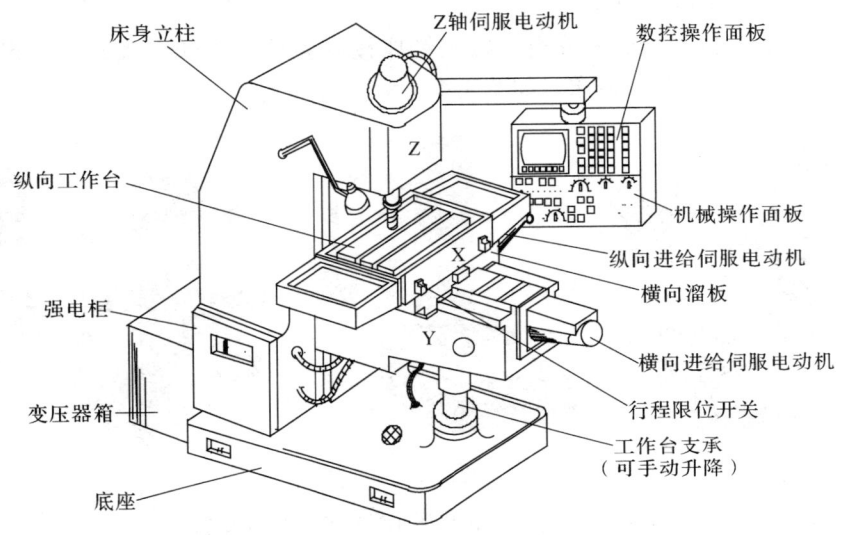

图 4-2 立式数控铣床外形图

铣削加工中心是在数控铣床的基础上增加了刀库和换刀机构，即自动刀具交换装置（ATC），主要类型有立式加工中心（见图4-3）和卧式加工中心。数控铣床需要通过手动方式进行换刀，而加工中心则可将要使用的刀具预先存放于刀具库内，需要时再通过换刀指

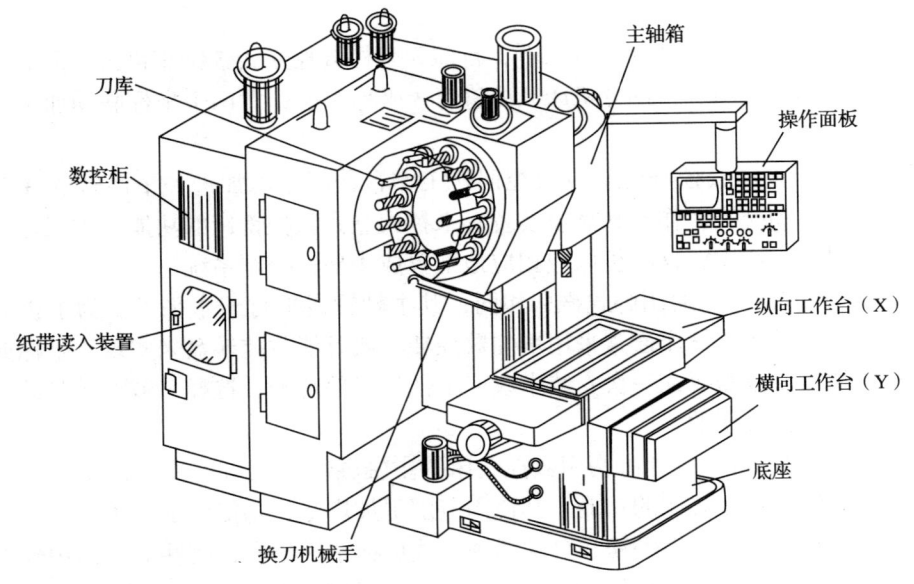

图 4-3 立式加工中心外形图

令，由 ATC 装置自动换刀。有的加工中心还带有自动分度回转工作台，工件一次装夹后，能够完成多个平面或角度位置的加工，体现了工序高度集中的优点；有的加工中心则带有交换工作台，可在加工当前工件的同时，对另外的工件进行拆装、检验，使生产流程得以优化，缩短了生产周期，提高了生产率。

2. 数控铣床和加工中心分类

（1）按机床主轴的布局形式分类　数控铣床按其主轴的布局形式分为立式数控铣床、卧式数控铣床和立卧两用数控铣床，如图 4-4 所示。

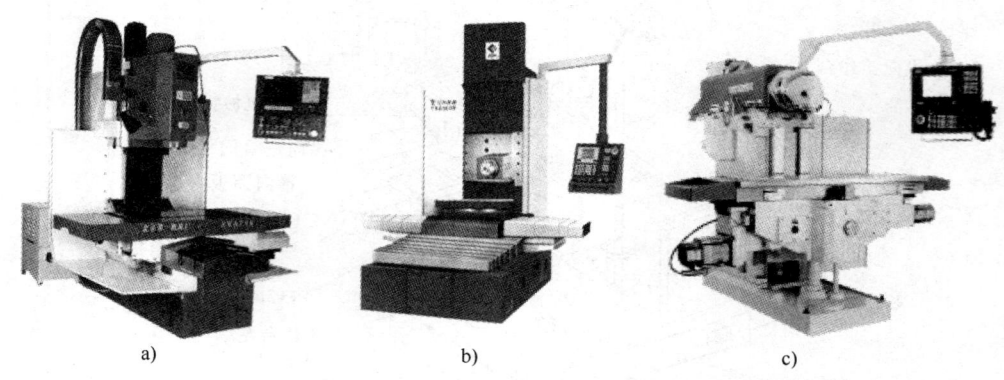

图 4-4　数控铣床按机床主轴的布局形式分类
a）立式数控铣床　b）卧式数控铣床　c）立卧两用数控铣床

1）立式数控铣床。立式数控铣床是数控铣床中数量最多的一种，应用范围也最为广泛。立式数控铣床的主轴轴线垂直于水平面，小型数控铣床一般采用工作台纵、横向移动并升降，主轴不动方式；中型数控铣床一般运用工作台纵、横向移动，主轴升降方式；大型数控铣床采用龙门架移动式，即主轴可在龙门架的横向与垂直导轨上移动，故又称之为龙门数控铣床。

从机床数控系统控制的坐标数量来看，目前 3 坐标数控立式镗铣床仍占大多数，一般可进行 3 坐标联动加工，但也有部分机床只能进行 3 坐标中的任意两个坐标联动加工（常称为 2.5 坐标加工）。

立式数控铣床附加数控分度头或数控回转工作台，即考虑加进一个回转的 A 坐标或 C 坐标，增加一个自动交换工作台和靠模装置等来扩大立式数控铣床的功能、加工范围和加工对象，进一步提高生产率，这时机床应相应地配置成 4 坐标控制系统。

2）卧式数控铣床。与通用卧式铣床相同，其主轴轴线平行于水平面。为了扩大加工范围和扩充功能，卧式数控铣床通常采用增加数控转盘或万能数控转盘来实现 4 坐标或 5 坐标加工。对箱体类零件或需要在一次安装中改变工位的工件来说，选择带数控转盘的卧式数控铣床进行加工是非常方便的。

3）立卧两用数控铣床。立卧两用数控铣床的主轴轴线方向可以变换，使一台铣床具备立式数控铣床和卧式数控铣床的功能，其使用范围更加广泛，功能更加完善。

立卧两用数控铣床可以靠手动和自动两种方式更换主轴方向，有些立卧两用数控铣床采用主轴可以任意方向转换的万能数控主轴头，使其可以加工出与水平面呈不同角度的工件表面。立卧两用数控铣床增加数控转盘以后，可以实现五面加工，即除工件与转盘贴合的定位面外，其他表面的加工可以在一次装夹中完成。

（2）按采用的数控系统功能分类　数控铣床按采用的数控系统功能分为经济型数控铣床、全功能数控铣床和高速铣削数控铣床，如图4-5所示。

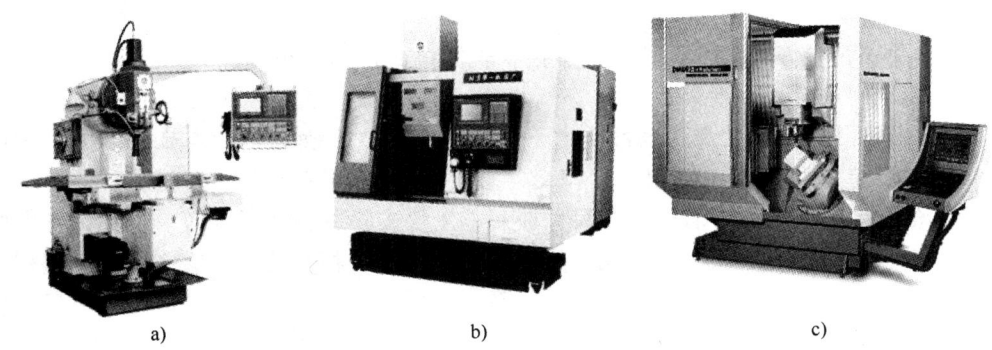

图4-5　数控铣床按采用的数控系统功能分类
a）经济型数控铣床　b）全功能数控铣床　c）高速铣削数控铣床

1）经济型数控铣床。采用经济型数控系统的铣床，一般可以实现3轴联动。该类数控铣床成本较低，功能简单，精度不高，适合一般复杂零件的加工。

2）全功能数控铣床。全功能数控铣床一般采用闭环或半闭环控制，数控系统功能完善，一般可以实现4轴以上联动，可加工螺旋槽、叶片等空间零件，加工适应性强，精度较高，应用广泛。

3）高速铣削数控铣床。一般把主轴转速在8000～40 000r/min的数控铣床称为高速铣削数控铣床，其进给速度可达10～30m/min。这种数控铣床采用全新的机床结构（主体结构及材料变化）、功能部件（电主轴、直线电动机驱动进给）和功能强大的数控系统，并配以加工性能优越的刀具系统，可对大面积的曲面进行高效率、高质量的加工。

高速铣削是数控加工的一个发展方向，目前其技术正日趋成熟，并逐渐得到广泛的应用，但机床价格昂贵，使用成本较高。

3. 数控铣床的加工工艺基础

数控铣削加工是数控加工中最常见的加工方法之一，广泛应用于机械设备制造和模具加工等领域。它以普通铣削加工为基础，同时结合数控机床的特点，不但能完成普通铣削加工的全部内容，而且还能完成普通铣削难以进行、甚至无法进行的加工工序。数控铣削加工设备主要有数控铣床和加工中心，可以对零件进行平面轮廓铣削和曲面轮廓铣削加工，还可以进行钻、扩、铰、镗、锪加工及螺纹加工等。

（1）选择并确定数控铣削的加工内容

下列加工内容常采用数控铣削加工。

1）工件上的曲线轮廓表面，特别是由数学表达式给出的非圆曲线和列表曲线等曲线轮廓。

2）给出数学模型的空间曲面或通过测量数据建立的空间曲面。

3）形状复杂，尺寸繁多，划线与检测困难的部位。

4）用普通铣床加工时难以观察、测量和难加工的内、外凹槽。

下列加工内容一般不采用数控铣削加工。

1）需要进行长时间占机及人工调整的粗加工内容。
2）毛坯上的加工余量不太充分或不太稳定的部件。
3）简单的粗加工面。
4）必须用细长铣刀加工的部位，一般指狭长深槽或长肋板小转接圆弧部位。

（2）数控铣削加工工艺性分析

1）分析零件图的完整性和正确性。由于加工程序是以准确的坐标点来编制的，因此各图形几何要素间的相互关系（如相切、相交、垂直、平行和同心等）应明确，各种几何要素的条件要充分，应无引起矛盾的多余尺寸或影响工序安排的封闭尺寸等。例如，在实际工作中常常会遇到图样中缺少尺寸的情况，给出的几何元素的相互关系不够明确，使编程计算无法完成，或者虽然给出了几何元素的相互关系，但同时又给出了引起矛盾的相关尺寸，同样给编程计算带来困难。

2）零件图样上的尺寸标注应使编程方便。编程方便与否常常是衡量数控工艺性好坏的一个指标。在实际生产中，零件图样上的尺寸标注方法对工艺性影响较大，为此，对零件设计图样应提出不同的要求。凡经数控加工的零件，图样上尺寸数据的给出要符合编程方便的原则。

3）分析零件的变形情况，保证获得要求的加工精度。虽然数控机床精度很高，但对一些特殊情况，例如过薄的底板与肋板，因为加工时产生的切削拉力及薄板的弹性退让极易产生切削面的振动，使薄板厚度尺寸公差难以保证，其表面粗糙度值也将增大。零件在数控铣削加工时的变形，不仅影响加工质量，而且当变形较大时，将使加工不能继续进行下去。根据实践经验，对于面积较大的薄板，当其厚度小于 3mm 时，就应在工艺上充分重视这一问题，应当考虑采取一些必要的工艺措施进行预防。如对于大面积薄壁板零件，应改进装夹方式，采用合适的加工顺序和刀具，还可采取其他措施，如对钢件进行调质处理，对铸铝件进行退火处理，对不能用热处理方法解决的，可考虑采用粗、精加工分开及对称去余量等措施来减小或消除变形的影响。

4）尽量统一零件轮廓内圆弧的相关尺寸。轮廓内圆弧半径 R 常常限制刀具的直径，若工件的被加工轮廓高度低，转接圆弧半径大，可以采用较大直径的铣刀来加工，且加工其底板面时，进给次数也相应减少，表面加工质量也会好一些，因此工艺性比较好；反之，数控铣削工艺性较差。一般来说，当 $R<0.2H$（H 为被加工轮廓面的最大高度）时，可以判定零件上该部位的工艺性不好。

铣削槽底面圆角或底板与肋板相交处的圆角半径 r 越大，铣刀端刃铣削平面的能力越差，效率也越低。当 r 大到一定程度甚至必须用球头铣刀加工时，是应当避免的。因为铣刀与铣削平面接触的最大直径 $d=D-2r$（D 为铣刀直径），当 D 越大而 r 越小时，铣刀端刃铣削平面的面积越大，加工平面的能力越强，铣削工艺性当然也越好。有时，当铣削的底面面积较大，底部圆弧 r 也较大时，只能用两把 r 不同的铣刀（一把刀的 r 小些，另一把刀的 r 符合零件图样的要求）分两次进行切削。

在一个零件上，这种凹圆弧半径在数值上的一致性问题对数控铣削的工艺性显得相当重要。零件的外形和内腔最好采用统一的几何类型或尺寸，这样可以减少换刀次数。一般来说，即使不能寻求完全统一，也要力求将数值相近的圆弧半径分组靠拢，达到局部统一，以尽量减少铣刀规格与换刀次数，并避免因频繁换刀而增加零件加工面上的接刀阶差，降低表面质量。

5) 保证基准统一原则。有些零件需要在铣完一面后再重新安装铣削另一面，由于数控铣削时不能使用通用铣床加工时常用的试切方法来接刀，往往会因为零件的重新安装而接不好刀。这时，最好采用统一的基准定位。

4. 数控铣削工件原点的确定

数控铣削工件原点的选取直接影响零件加工程序的编制和加工质量，因此在选取工件原点时应遵循以下原则。

1) 基准重合的原则。
2) 方便操作的原则。
3) 计算简单的原则。

5. 加工路线的确定

（1）加工路线的定义　加工路线是指数控机床在加工过程中刀具的刀位点相对于被加工零件的运动轨迹与方向。确定加工路线就是确定刀具的运动轨迹和方向。妥善地安排加工路线，对于提高加工质量和保证零件的技术要求是非常重要的。加工路线不仅包括加工时的走刀路线，还包括刀具定位、对刀、退刀和换刀等一系列过程的刀具运动路线。

（2）加工路线的确定原则　加工路线是刀具在整个加工过程中相对于工件的运动轨迹，包括了工序的内容，反映了工序的顺序，是编写程序的依据之一。在确定加工路线时，主要遵循以下原则。

1) 保证零件的加工精度和表面粗糙度值。在铣削加工零件轮廓时，根据刀具的运动轨迹和方向不同，可分为顺铣和逆铣。不同的铣削方式所得到的零件表面的质量是不同的。究竟采用哪种铣削方式，应视零件的加工要求、工件材料的特点以及机床刀具等具体条件综合考虑。数控机床一般采用滚珠丝杠传动，其运动间隙很小，顺铣优于逆铣，所以在精铣内外轮廓时，为了减小表面粗糙度值，应采用顺铣走刀路线的加工方案。

对于铝镁合金、钛合金和耐热合金等材料，建议采用顺铣加工，这对于减小表面粗糙度值和延长刀具寿命都有利。但如果零件毛坯为钢铁材料锻件或铸件，表皮硬而且余量较大，这时粗加工采用逆铣较为有利。

2) 寻求最短走刀路线，减少刀具空行程，提高加工效率。以图 4-6a 所示零件上的孔加工路线为例，按照一般习惯，总是先加工均布于同一圆周上的一圈孔后，再加工另外一圈孔，如图 4-6b 所示的走刀路线，这种走刀路线不是最好的。若改用图 4-6c 所示的走刀路线加工，可减少空刀时间，节省定位时间，提高加工效率。三种方案中，图 4-6a 所示方案最差，图 4-6c 所示方案最佳。

3) 最终轮廓一次连续走刀完成。为保证工件轮廓表面加工后的表面质量要求，最终轮廓应安排在最后一次走刀中连续加工出来。比如型腔的切削，通常分两步完成，第一步粗加工切内腔，第二步精加工切轮廓。粗加工尽量采用大直径的刀具以获得较高的加工效率，但对于形状复杂的二维型腔，若采用大直径的刀具将产生大量的欠切削区域，不便后续加工，而采用小直径的刀具又会降低加工效率。因此，采用大直径刀具还是小直径刀具视具体情况而定，精加工的刀具则主要取决于内轮廓的最小曲率半径。如图 4-7a 所示为用行切方式加工内腔的走刀路线，这种走刀能切除内腔中的全部余量，不留死角，不伤轮廓。但行切法将

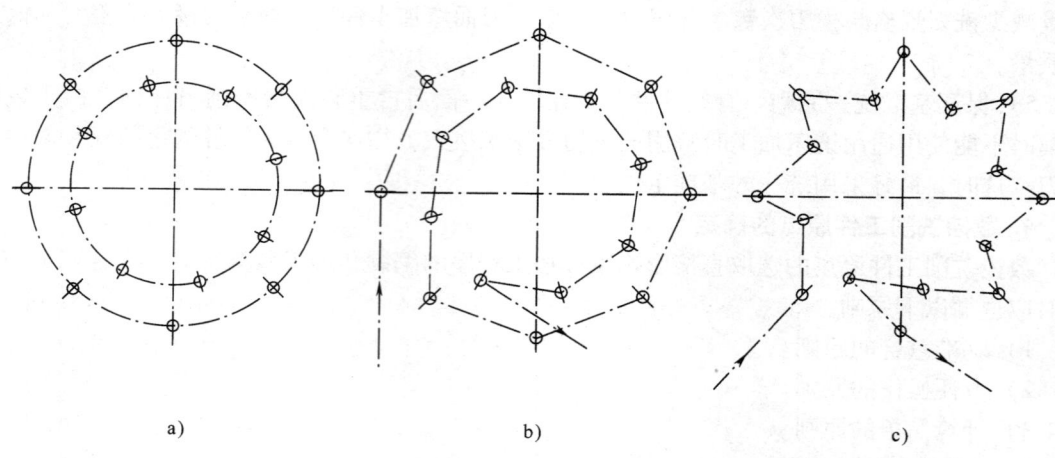

图 4-6 最短走刀路线的设计

在两次走刀的起点和终点间留下残留高度，而达不到要求的表面质量，所以采用 4-7b 所示的走刀路线，先用行切法加工，最后再沿轮廓切削一周，使轮廓表面光整。图 4-7c 所示是采用环切法加工，表面粗糙度值较小，走刀路线也较行切法长。三种方案中，图 4-7a 所示方案最差，图4-7b所示方案最佳。

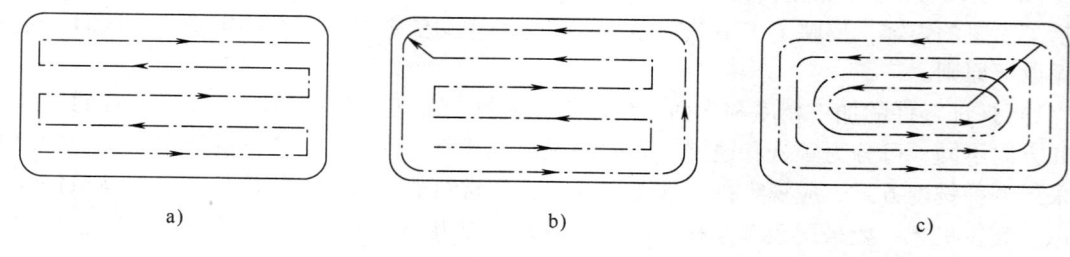

图 4-7 铣削内腔的三种走刀路线

4) 选择切入切出方式。确定加工路线时，首先应考虑切入、切出点的位置和切入、切出工件的方式。

切入、切出点的位置应尽量选在不太重要的位置或表面质量要求不高的位置，因为在切入、切出点切削力的变化会影响该点的加工质量。

切入、切出工件的方式有法向切入、切出，切向切入、切出和任意切入、切出三种方式。因法向切入、切出在切入、切出点会留下刀痕，一般不用该法而推荐切向切入、切出和任意切入、切出方法。对于二维轮廓的铣削，无论是内轮廓还是外轮廓，都要求刀具从切向切入、切出。对外轮廓，一般是直线切向切入、切出；而对内轮廓，一般是圆弧切向切入、切出，如图 4-8 所示。

另外，应避免在工件轮廓面上垂直上、下刀而划伤工件表面；尽量减少在轮廓加工切削过程中的暂停（切削力突然变化将造成弹性变形），以免留下刀痕。

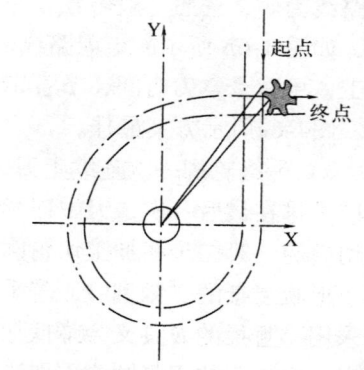

图 4-8 刀具切入和切出时的外延

5）选择使工件在加工后变形小的路线。对横截面积小的细长零件或薄板零件，应采用分几次走刀加工到最后尺寸或对称去除余量法安排走刀路线。安排工步时，应先安排对工件刚性破坏较小的工步。此外，确定加工路线时，还要考虑工件的加工余量和机床、刀具的刚度等情况，确定是一次走刀还是多次走刀来完成加工，以及在铣削加工中是采用顺铣还是采用逆铣等。

6. 顺铣与逆铣

用铣刀圆周上的切削刃来铣削工件的平面，称为周铣法，它有两种铣削方式。

（1）顺铣法　铣刀的旋转切入方向和工件的进给方向相同（顺向），如图 4-9a 所示。

（2）逆铣法　铣刀的旋转切入方向和工件的进给方向相反（逆向），如图 4-9b 所示。

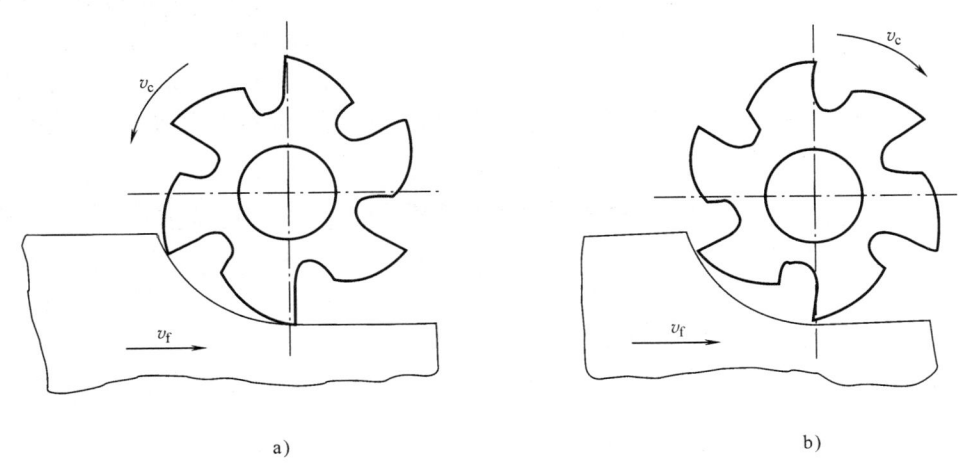

图 4-9　两种铣削方式
a）顺铣法　b）逆铣法

顺铣法切入时的切削厚度由最大逐渐减小到零，因而避免了在已加工表面的冷硬层上滑走的过程。实践表明，顺铣法可以将铣刀寿命延长 2~3 倍，工件的表面粗糙度值可以减小些，尤其在铣削难加工材料时，效果更为显著。但是，顺铣时每齿所产生的水平分力均与进给方向相同，容易因为机床进给机构的间隙而引起振动和爬行。

逆铣时，每齿所产生的水平分力均与进给方向相反，使工作台的丝杠与螺母在左侧始终接触，工作台不会发生窜动现象，铣削过程较平稳。但是在逆铣时，刀齿在加工表面上挤压、滑行，切不下切屑，使已加工表面产生严重冷硬层，表面质量较差。

根据以上分析，粗加工或是加工有硬皮的毛坯时，多采用逆铣法。精加工时，尤其是零件材料为铝镁合金、钛合金或耐热合金时，应尽量采用顺铣法。

7. 数控铣削刀具的选择

（1）铣刀类型的选择　铣刀类型应与被加工工件尺寸与表面形状相适应。加工较大的平面应选择面铣刀；加工凸台、凹槽及平面轮廓应选择立铣刀；加工毛坯表面或粗加工孔可选择镶硬质合金的玉米状铣刀；曲面加工应选择球头铣刀，但加工曲面较平坦的部位应选择环形铣刀；加工空间曲面、模具型腔或凸模成型表面等应选择模具铣刀；加工变斜角面应选择鼓形铣刀或锥形铣刀。

（2）铣刀参数的选择　数控铣床上使用最多的是可转位面铣刀和立铣刀，因此这里重点介绍面铣刀和立铣刀参数的选择。

1）面铣刀主要参数的选择。标准可转位面铣刀直径为 $\phi16 \sim \phi630$mm。粗铣时铣刀直径应小些，因为粗铣切削力较大，小直径铣刀可以减少切削力矩；精铣时铣刀直径应大些，尽量包容工件整个加工宽度，以提高加工精度和加工效率，减小相邻两次进给之间的接刀痕迹。

根据工件的材料、刀具的材料及加工性质的不同来确定面铣刀的几何参数。由于铣削时有冲击，故前角数值一般比车刀稍小，尤其是硬质合金面铣刀，前角要更小些。铣削强度和硬度高的材料可选择负前角。前角的具体数值可参照表4-1。铣刀的磨损主要发生在后面上，因此适当加大后角可以减少磨损，常取 $\alpha_o = 5° \sim 12°$。工件材料较软时后角取大，工件材料较硬时后角取小；粗齿铣刀后角取大，细齿铣刀后角取小。铣削时冲击力大，为保护刀尖，硬质合金面铣刀的刃倾角常取 $\lambda_s = -5° \sim 15°$。只有在铣削强度低的材料时，取 $\lambda_s = 5°$。主偏角 κ_r 在 $45° \sim 90°$ 的范围内选取，铣削铸铁常取 $45°$，铣削一般钢材常取 $75°$，铣削带凸肩的平面或薄壁零件时常取 $90°$。

表 4-1　面铣刀前角的选择

刀具材料 \ 工件材料	钢	铸 铁	黄铜、青铜	铝 合 金
高速钢	10°~20°	5°~15°	10°	25°~30°
硬质合金	-15°~15°	-5°~5°	4°~6°	15°

2）立铣刀主要参数的选择。根据工件材料和铣刀直径选取前、后角都为正值，其具体数值可参照表4-2。为了使端面切削刃有足够的强度，在端面切削刃前面上一般磨有棱边，其宽度为 0.4~1.2mm，前角为 6°。

表 4-2　立铣刀前角、后角选择

工件材料	前　角	铣刀直径	后　角
钢	10°~20°	小于10mm	25°
铸铁	10°~15°	10~20mm	20°
铸铁	10°~15°	大于20mm	16°

下面以常用立铣刀为例，说明立铣刀的有关参数及选取方法。

图 4-10 所示为常见的立铣刀种类及相关参数，在实际加工中应考虑以下几点。

① 刀具半径 r 应小于零件内轮廓面的最小曲率半径 ρ，一般取 $r = (0.8 \sim 0.9)\rho$。

② 零件的加工高度 $H = (1/6 \sim 1/4)r$，以保证刀具有足够的刚度。

③ 对深槽孔，选取 $l = H + (5 \sim 10)$mm。l 为刀具切削部分长度，H 为零件高度。

④ 加工外形及通槽时，选取 $l = H + r_e + (5 \sim 10)$mm，$r_e$ 为刀尖转角半径。

⑤ 粗加工内轮廓面时，铣刀最大直径 $D_{粗}$ 可按下式计算

$$D_{粗} = 2 \times \frac{\delta \sin\frac{\varphi}{2} - \delta_1}{1 - \sin\frac{\varphi}{2}} + D$$

式中　D——轮廓的最小凹圆角半径（mm）；

　　　δ——圆角邻边夹角等分线上的精加工余量（mm）；

　　　δ_1——精加工余量（mm）；

　　　φ——圆角两邻边的最小夹角（°）。

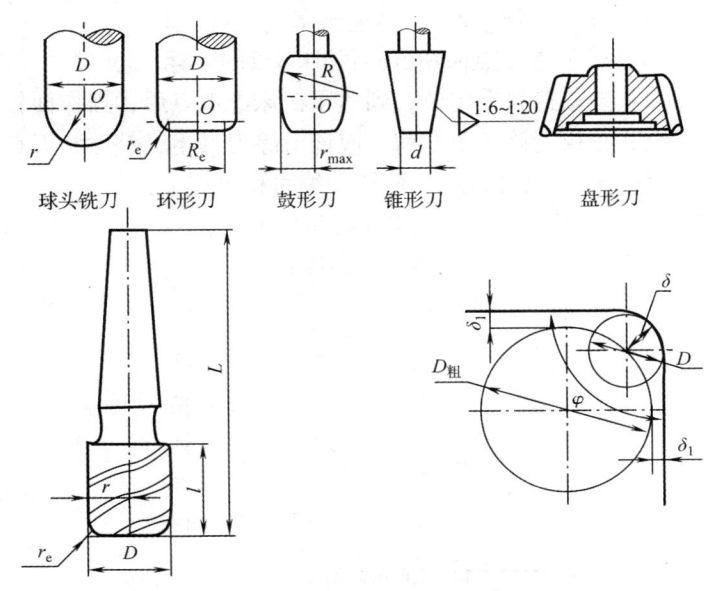

图 4-10　常见的立铣刀种类及相关参数

⑥ 加工肋时，刀具直径为 $D = (5 \sim 10)b$（b 为肋的厚度）。

3) 加工中心刀具的选择。在加工中心上，各种刀具分别安装在刀库上，按程序规定随时进行选刀和换刀工作。因此，必须有一套连接普通刀具的接杆，以便使钻、镗、扩、铰、铣削等工序用的标准刀具迅速、准确地装到机床主轴或刀库上去。作为编程人员，应了解机床上所用刀杆的结构尺寸以及调整方法和调整范围，以便在编程时确定刀具的径向和轴向尺寸。目前，我国的加工中心采用 TSG 工具系统，其柄部有直柄（三种规格）和锥柄（四种规格）两类，共包括 16 种不同用途的刀具。

4.2.3　指令介绍

1. 参考点指令 G27、G28、G29 和 G30

（1）返回参考点检测指令 G27　在程序中使用该指令，用于检查机床是否已准确返回参考点。

指令格式：G90（G91）　　G27　X__　Y__　Z__ ；

其中，

G90 是绝对坐标编程方式，其后的 X、Y、Z 值指机床参考点在工件坐标系中的绝对坐标；G91 是增量坐标编程方式，其后的 X、Y、Z 值指机床参考点相对刀具当前位置的增量坐标。

该指令执行时，刀具以快速移动定位，到达了机床参考点后，操作面板上相应的返回参考点指示灯发亮。如果到达的位置不是参考点位置，则指示灯不亮，并且显示报警。通常，在使用 G27 指令之前，应清除刀具偏置。

（2）返回参考点指令 G28　在程序中使用该指令，可使刀具经由一个中间点（或直接）返回到参考点，一般用于加工中心的自动换刀。

指令格式：G90（G91）　G28　X__　Y__　Z__；

其中，X、Y、Z 值指返回参考点时所经过的中间点的坐标。

该指令执行时，刀具以快速移动定位，到达了机床参考点后，操作面板上的返回参考点指示灯发亮。为了安全，在执行该指令之前，应该清除刀具半径补偿和刀具长度补偿。

如图 4-11 所示，刀具运动轨迹为 $A→B→R$，编写程序如下：

　　G90　G28　X180　Y160；　　（绝对坐标编程）

或　G91　G28　X100　Y100；　　（增量坐标编程）

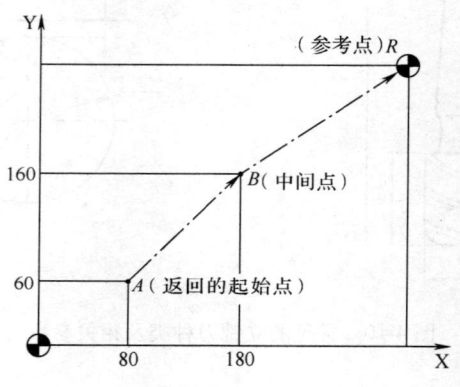

图 4-11　G28 指令例图

（3）从参考点返回指令 G29　在程序中使用该指令，可使刀具经过中间点快速移动到指定的目标点，一般在 G28 或 G30 指令后使用。这样，经过的中间点坐标就是由 G28 或 G30 指令所指定的中间点。

指令格式：G29　X__　Y__　Z__；

其中，X、Y、Z 值指从参考点返回后目标点的坐标。

如图 4-12 所示，刀具运动轨迹为 $R→B→C$，编写程序如下：

…

G90　G28　X180　Y160；　　经 B 点回参考点 R

M06　T05；　　换 5 号刀

G29　X240　Y90；　　经中间点 B 快速定位至目标点 C

…

（4）返回第 2、3、4 参考点指令 G30　在程序中使用该指令，可使刀具经由一个中间点返回到第 2、3、4 参考点。它与 G28 指令的差别在于，G28 只是返回第 1 参考点。

指令格式：G30　P2　X__　Y__　Z__；
　　　　　　G30　P3　X__　Y__　Z__；
　　　　　　G30　P4　X__　Y__　Z__；

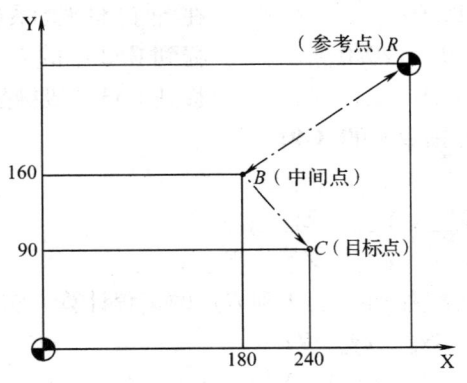

图 4-12　G29 指令例图

其中，P2、P3、P4 分别表示选择第 2、第 3、第 4 参考点；X、Y、Z 值是指返回参考点途经的中间点坐标。

通常在自动换刀时，如果换刀点位置与第 1 参考点不重合，才使用 G30 指令。

2. 用 G54～G59 指令来预置工件坐标系

在机床控制系统中，还可用 G54～G59 指令在 6 个预定的工件坐标系中选择当前工件坐标系。当工件尺寸很多且相对具有多个不同的标注基准时，可将其中几个基准点在机床坐标系中的坐标值通过 MDI 方式预先输入到系统中，作为 G54～G59 的坐标原点，系统将自动记忆这些点。一旦程序执行到 G54～G59 指令之一时，该工件坐标系原点即为当前程序原点，后续程序段中的绝对坐标均为相对此程序原点的值。例如，图 4-13 所示的从 $A \rightarrow B \rightarrow C \rightarrow D$ 的行走路线，可编程如下：

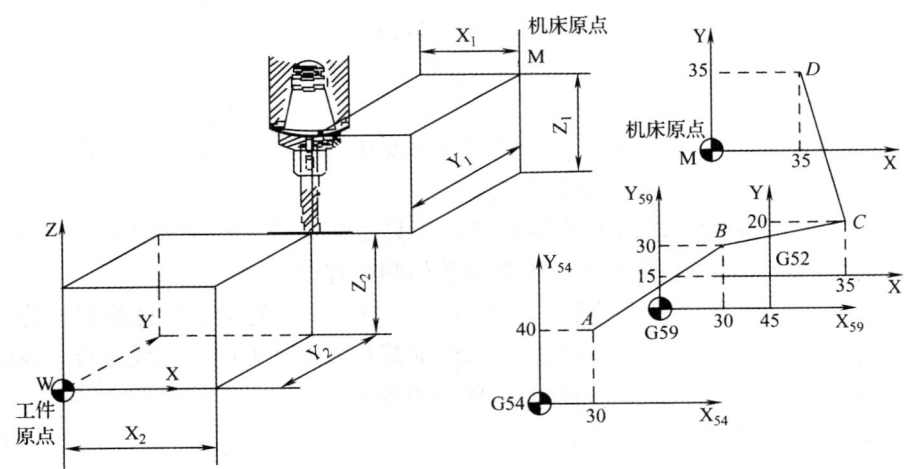

图 4-13　工件坐标系设定

```
N10   G54   G00   G90   X30.0   Y40.0;    快速移到 G54 中的 A 点
N15   G59;                                 将 G59 置为当前工件坐标系
N20   G00   X30.0   Y30.0;                 移到 G59 中的 B 点
```

N25　G52　X45.0　Y15.0；　　　　　　　　在当前工件坐标系 G59 中，建立局部坐标系 G52
N30　G00　G90　X35.0　Y20.0；　　　　　移到 G52 中的 C 点
N35　G53　X35.0　Y35.0；　　　　　　　　移到 G53（机械坐标系）中的 D 点

3. 快速定位和直线插补指令 G00/G01

指令格式：

G90（G91）　　G00　X__　Y__　Z__；

G90（G91）　　G01　X__　Y__　Z__　F__；

如图 4-14 所示，空间直线移动（从 A 到 B）的编程计算方法如下：

绝对编程：G90　G00　Xx_b　Yy_b　Zz_b；

增量编程：G91　G00　X($x_b - x_a$)　Y($y_b - y_a$)　Z($z_b - z_a$)；

绝对编程：G90　G01　Xx_b　Yy_b　Zz_b　Ff；

增量编程：G91　G01　X($x_b - x_a$)　Y($y_b - y_a$)　Z($z_b - z_a$)　Ff；

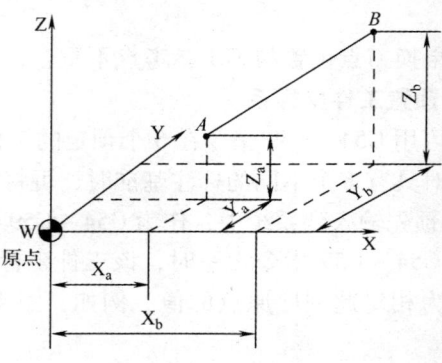

图 4-14　空间直线移动

说明：

1）G00 时 X、Y、Z 三轴同时以各轴的快进速度从当前点开始向目标点移动。一般各轴不能同时到达终点，其行走路线可能为折线。

2）G00 时轴移动速度不能由 F 代码来指定，只受快速修调倍率的影响。一般地，G00 代码段只能用于工件外部的空程行走，不能用于切削行程中。

3）G01 时，刀具以 F 指令的进给速度由 A 向 B 进行切削运动，并且控制装置还需要进行插补运算，合理地分配各轴的移动速度，以保证其合成运动方向与直线重合。G01 时的实际进给速度等于 F 指令速度与进给速度修调倍率的乘积。

4. 暂停延时指令 G04

指令格式：G04　P__　或 G04　X(U)__；

其中，P 后面的数字为整数，单位是 ms；X(U) 后面的数字为带小数点的数，单位为 s。

执行此指令时，加工进给将暂停 P 后所设定的时间，然后自动开始执行下一程序段。

机床在执行程序时，一般并不等到上一程序段减速到达终点后才开始执行下一个程序段，因此可能导致刀具在拐角处的切削不完整。如果拐角精度要求很严，其轨迹必须是直角

时，可在拐角处前后两程序段之间使用暂停指令。暂停动作是等到前一程序段的进给速度达到零之后才开始的。暂停时间的长短可以通过地址 X(U) 或 P 来指定。

例如：欲停留 1.5 s 时，程序段为：G04　P1500；

5. 进给速度设定指令 G94、G95

在切削加工时，进给功能用于控制刀具移动的快慢。它不同于快速移动指令（G00 指令），快速移动速度是在系统参数中预先设定了的，操作者一般不用改动。进给功能反映的是加工过程中，进给运动速度的控制，也就是让刀具以程序中编制的切削进给速度移动，如直线插补（G01）和圆弧插补（G02、G03）等指令，这些进给运动速度就是用 F 代码后面的数值指定的。当然，在实际加工过程中，往往根据切削情况，用机床面板上的开关对进给运动使用倍率。

进给运动控制有两种方式：每分进给（G94）和每转进给（G95），一般在数控铣床上采用每分进给方式。

（1）每分进给指令 G94

指令格式：G94　F＿＿；

其中，F 后面的数值表示每分钟刀具移动的距离，单位是 mm/min。每分钟进给控制也被称为用进给速度控制刀具移动。

G94 是机床电源接通后的默认进给方式，是模态代码，直到指定 G95（每转进给）方式之前，它将一直保持有效。

（2）每转进给指令 G95

指令格式：G95　F＿＿；

其中，F 后面的数值表示主轴每转刀具的进给量，单位是 mm/r。每转进给控制也被称为进给量控制，是模态代码。

这两种进给方式可以相互转化，由以下公式计算

$$v_f = fn \quad (f = f_z z)$$

式中　v_f——刀具进给速度（每分进给）（mm/min）；

　　　f——刀具每转进给量（mm/r）；

　　　n——刀具的转速（r/min）；

　　　f_z——铣刀的每齿进给量（mm/z）；

　　　z——铣刀的切削刃数。

[实例]　用可转位面铣刀铣削碳钢表面，已知刀具规格为 ϕ80mm，切削刃数为 5 齿，查阅工艺手册，选取切削速度为 160m/min，每齿进给量为 0.10 mm/z，求加工时的主轴转速 n 和刀具进给速度 v_f 的值。

主轴转速的计算为

$$n = \frac{1000 v_c}{\pi D} = 1000 \times 160 / (3.14 \times 80) \text{ r/min} \approx 635 \text{r/min}$$

刀具进给速度的计算为

$$f = f_z z = 0.10 \times 5 \text{mm/r} = 0.5 \text{mm/r}$$

$$v_f = fn = 0.5 \times 635 \text{mm/min} \approx 310 \text{mm/min}$$

6. 刀具控制指令 M06

数控加工中心根据加工的需要，可以在刀库中存放多把刀具。当执行到换刀程序时，就实施换刀动作更换刀具，这个过程包括选刀和换刀两个部分，涉及的编程指令是刀具功能指令（T 代码）和换刀指令（M06）。当需要执行换刀时，刀库首先根据 T 代码自动将要用的刀具移动到换刀位置，完成选刀过程。选刀方式常有顺序选刀方式和任选方式两种。当程序执行到 M06 指令时，开始自动换刀，把主轴上当前的刀具取下，将选好的刀具安装在主轴上。换刀方式通常有两种，即有机械手换刀和无机械手换刀。

执行换刀动作必须满足主轴回到换刀点（Z 向参考点）并实现准停才能正常完成。

数控机床结构不同，其换刀程序和动作也会有所不同。对于无换刀机械手的加工中心，换刀过程是先卸下主轴上的刀具放回刀库，然后才将刀库中要更换的刀具换到主轴上，其换刀指令如下：

（G91　G28　Z0；）　　　回机床参考点
M06　T04；　　　　　　将 4 号刀装到主轴上
…

（G91　G28　Z0；）　　　回机床参考点
M06　T02；　　　　　　先卸下原来的 4 号刀，然后将 2 号刀装到主轴上
…

数控系统执行到第二次换刀指令时，主轴先上升至换刀位置并准停，把主轴上的 4 号刀装回刀库，然后刀库再旋转，将 2 号刀装到主轴上。

对于有换刀机械手的加工中心，刀库中的刀具和主轴上的刀具是同时交换的，并且选刀动作要安排在换刀动作之前执行。注意下面程序中两次换刀的区别：

G91　G28　Z0；　　　　回机床参考点
T01；　　　　　　　　　刀库中的 1 号刀转至换刀位置
M06；　　　　　　　　　将 1 号刀装到主轴上
…

G01　X－20　F200　T05；　加工过程，同时刀库将 5 号刀转至换刀位置
…

G91　G28　Z0；　　　　回机床参考点
M06　T07；　　　　　　1 号刀和 5 号刀通过双臂机械手同时交换，然后将 7 号刀
　　　　　　　　　　　转至换刀位置
…

第二次换刀时，5 号刀的选刀动作在之前已经完成，不占用机动时间，效率更高。

7. 刀具长度补偿指令 G43、G44 和 G49

在数控铣削加工工序中，可能用到各种不同的刀具，如钻头、立铣刀和面铣刀等，其长度是各不相同的，也就是其刀位点到安装基准位置的尺寸不相同。另外，由于刀具的磨损或更换新刀具等原因，也会引起刀具长度发生变化。在这种情况下，就应该使用刀具长度补偿指令，使每把刀具的刀位点都能准确地移动到程序所指定的位置。

刀具长度补偿一般是沿 Z 轴方向的长度补偿，指令种类有正向刀具长度补偿（G43）、负向刀具长度补偿（G44）和刀具长度补偿取消（G49）。机床通电后，为取消长度补偿

（G49）状态，G43、G44 均为模态指令。

建立刀具长度补偿的指令格式如下：

G43 Z__ H__ ;　　　正向长度补偿
G44 Z__ H__ ;　　　负向长度补偿

其中，Z 后面的数值为刀具 Z 轴移动坐标值；H 后面的数值（两位数字）为刀具长度补偿号。

取消刀具长度补偿指令的格式：G49；或 H00；

其中，H00 表示长度补偿值为 0。

在执行长度补偿时，G43 使刀具 Z 向实际移动坐标值为程序指定的坐标值加上补偿值，G44 则是从指定坐标值中减去补偿值，刀具长度补偿值必须在对刀时设置在相应的地址中。如图 4-15 所示，H01 中设置的补偿值为 20mm，执行如下程序。

G91　G00　G43　Z-50　H01；　　（刀具实际移动量为 -50+20 = -30）
或 G91　G00　G44　Z-50　H01；　　（刀具实际移动量为 -50-20 = -70）

通过以上图例可以看出，通过修改刀具长度补偿值，无需修改程序，即可调整刀具的切削深度。

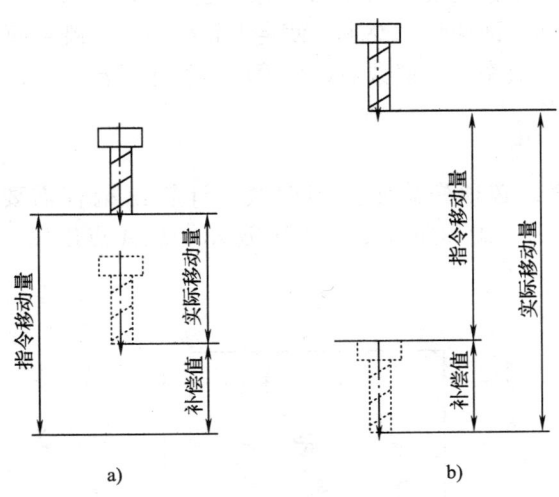

图 4-15　刀具长度补偿指令的含义
a) G43 正向补偿　b) G44 负向补偿

刀具长度补偿的方式有以下两种。

(1) 用刀具实际长度作为补偿值　每把刀在使用前，通过对刀仪测量其长度，并将结果记录在其数据档案中，使用时将刀具长度值作为补偿值设置到刀偏存储器中。这样，在加工不同工件时，每次输入的都是同一个补偿值。

(2) 利用机床刀具长度测量功能设置补偿值　以某一把刀作为基准刀，通过移动基准刀和将要测量的刀具，使其接触到机床上的同一个指定点，用刀具长度测量功能将补偿值存储到补偿存储器中。

M 指令代码及功能见表 4-3。

表 4-3　M 指令代码及功能

代码	功能	代码	功能
M00	程序停止（暂时停止）	M06	自动换刀
M01	程序选择性停止	M08	切削液开启
M02	程序结束	M09	切削液关闭
M03	主轴正转	M30	程序结束，返回开头
M04	主轴反转	M98	调用子程序
M05	主轴停止	M99	子程序结束

4.3　铣削方案实施

4.3.1　加工方式的确定

合理地选择进给路线不但可以提高切削效率，还可以提高零件的表面精度。在确定进给路线时，首先应遵循数控工艺所要求的原则。对于数控铣床，还应重点考虑以下几个方面：能保证零件的加工精度和表面质量的要求；使走刀路线最短，既可简化程序段，又可减少刀具空行程时间，提高加工效率；应使数值计算简单，程序段数量少，以减少编程工作量。

4.3.2　走刀路线的确定

编写零件加工程序，必须先确定走刀路线，计算出编程需要的坐标。该零件采用 $\phi50mm$ 的铣刀，一次下刀，走刀路线如图 4-16 所示，从 A 点出发，采用往返式走刀路线，3 次走刀。

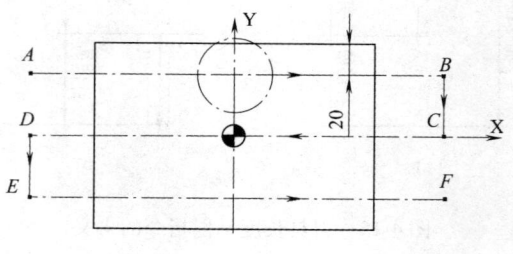

图 4-16　走刀路线

4.3.3　编制程序

根据走刀路线，确定出各点坐标如下：
$A(-120, 40)$，$B(120, 40)$，$C(120, 0)$；
$D(-120, 0)$，$E(-120, -40)$，$F(120, -40)$。
其加工参考程序如下：
O0004；
G54　G21　G90　G49　G40；
G28　Z0；

```
S800    M03;
G43    G00    Z20.   H01;
G00    X-120.   Y40.;
G00    Z-1.;
G01    X120.   F100.;
G00    Y0;
G01    X-120.;
G00    Y-40.;
G01    X120.;
G49    G28    Z0;
M30;
```

注意：在将程序仿真时，需要在尺寸后面加"."，即 X50 需要写成 X50. 或 X50.0。

4.3.4　加工仿真软件

加工仿真是通过仿真软件来全程模拟真实的加工过程，达到全面检查走刀轨迹、程序和加工质量的目的。下面以上海宇龙软件公司提供的 FANUC 0i 立式加工中心面板操作为例，具体介绍铣削加工的加工仿真知识。

1. 面板按钮说明

数控机床的操作面板主要包括两部分，即 MDI 键盘和机床操作面板。其中 MDI 键盘主要用于程序编辑和参数设置等，而机床操作面板主要用于对机床的调整和控制。如图 4-17 所示，上半部分是 MDI 键盘，下半部分是机床操作面板。

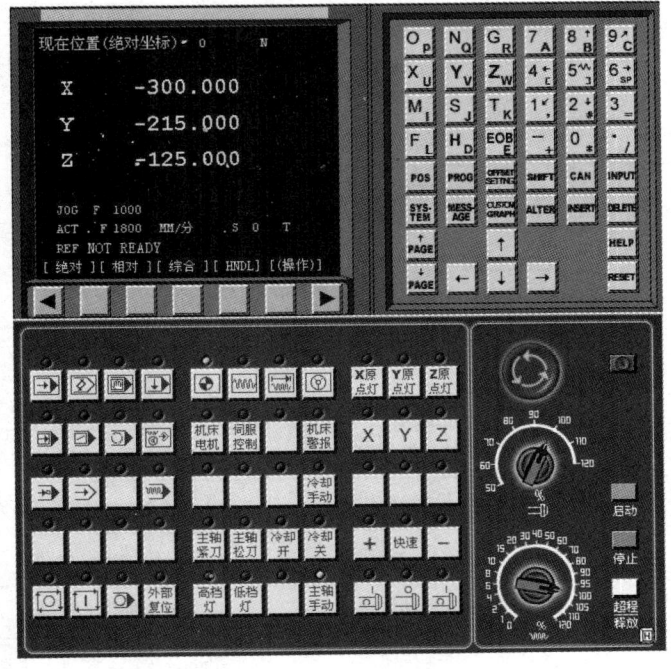

图 4-17　北京第一机床厂 XK714/B 立式加工中心面板

FANUC 0i 立式加工中心面板的具体功能见表 4-4。

表 4-4　FANUC 0i 立式加工中心面板的具体功能

按钮	名称	功能说明
	自动运行	按下此按钮后，系统进入自动加工模式
	编辑	按下此按钮后，系统进入程序编辑状态，用于直接通过操作面板输入数控程序和编辑程序
	MDI	按下此按钮后，系统进入 MDI 模式，手动输入并执行指令
	远程执行	按下此按钮后，系统进入远程执行模式
	单节	按下此按钮后，运行程序时每次执行一条数控指令
	单节忽略	按下此按钮后，数控程序中的注释符号"/"有效
	选择性停止	单击该按钮，"M01"代码有效
	机械锁定	锁定机床
	试运行	空运行
	进给保持	程序运行暂停。在程序运行过程中，按下此按钮运行暂停，按"循环启动"按钮恢复运行
	循环启动	程序运行开始。系统处于"自动运行"或"MDI"位置时按下有效，其余模式下使用无效
	循环停止	程序运行停止。在数控程序运行中，按下此按钮停止程序运行
	外部复位	复位系统
	回原点	机床进入回原点模式
	手动	机床进入手动模式
	增量进给	机床进入增量进给模式
	手动脉冲	机床进入手轮控制模式
	X 轴选择按钮	手动状态下，选择 X 轴为进给轴
	Y 轴选择按钮	手动状态下，选择 Y 轴为进给轴
	Z 轴选择按钮	手动状态下，选择 Z 轴为进给轴
	正向移动按钮	机床进给轴正向移动
	负向移动按钮	机床进给轴负向移动
	快速按钮	单击该按钮，将进入手动快速状态

(续)

按钮	名称	功能说明
	主轴倍率选择旋钮	将光标移至此旋钮上后，通过单击鼠标左键或右键来调节主轴旋转倍率
	进给倍率	调节运行时的进给速度倍率
	急停按钮	按下急停按钮，使机床移动立即停止，并且所有的输出如主轴的转动等都会关闭
	超程释放	系统超程释放
	主轴控制按钮	依次为主轴正转、主轴停止、主轴反转
	手轮显示按钮	按下此按钮，可以显示出手轮
	手轮面板	单击 H 按钮显示手轮面板，再单击手轮面板右下角的 H 按钮，手轮面板将被隐藏
	手轮轴选择旋钮	在手轮状态下，将光标移至此旋钮上后，通过单击鼠标的左键或右键来选择进给轴
	手轮进给倍率旋钮	在手轮状态下，将光标移至此旋钮上后，通过单击鼠标的左键或右键来调节手轮步长。X1、X10、X100 分别代表移动量为 0.001mm、0.01mm、0.1mm
	手轮	将光标移至此旋钮上后，通过单击鼠标的左键或右键来转动手轮
	启动	启动控制系统
	关闭	关闭控制系统

2. 基本操作

（1）开机　单击"启动"按钮，此时机床电动机和伺服控制的指示灯变亮。检查"急停"按钮是否松开至 状态。若未松开，单击"急停"按钮 ，将其

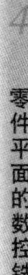

松开。

(2) 回参考点 检查操作面板上回原点指示灯 是否亮。若指示灯亮,则已进入回原点模式;若指示灯不亮,则单击"回原点"按钮 ,转入回原点模式。

在回原点模式下,先将 X 轴回原点,单击操作面板上的"X 轴选择"按钮 X ,使 X 轴方向移动指示灯 X 变亮,单击 + ,此时 X 轴将回原点,X 轴回原点灯 变亮,CRT 上的 X 坐标变为"0.000"。同样,再分别单击 Y 轴与 Z 轴方向按钮 Y 、 Z ,使指示灯变亮,然后单击 + ,此时 Y 轴、Z 轴将回原点,Y 轴、Z 轴回原点指示灯 变亮。

(3) 机床位置界面 单击 POS 进入坐标位置界面。单击菜单软键 [绝对]、菜单软键 [相对]、菜单软键 [综合],CRT 界面将对应相对坐标界面(见图 4-18)、绝对坐标界面(见图 4-19) 和综合坐标界面(见图 4-20)。

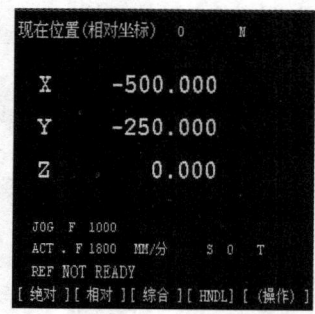
图 4-18 相对坐标界面

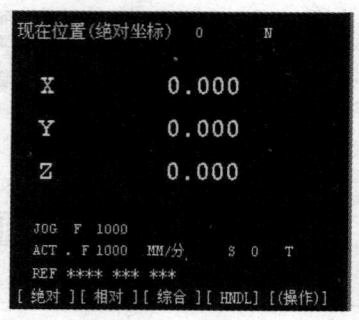
图 4-19 绝对坐标界面

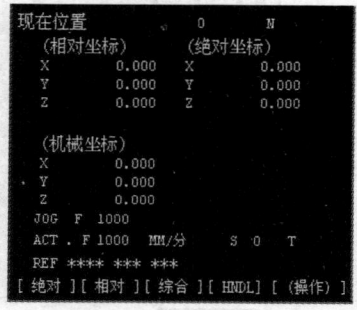
图 4-20 综合坐标界面

(4) 程序管理

1) 导入数控程序。数控程序可以通过记事本或写字板等编辑软件输入并保存为文本格式(*.txt 格式)文件,也可直接用 FANUC 0i 系统的 MDI 键盘输入。

单击操作面板上的编辑键 ,编辑状态指示灯 变亮,此时已进入编辑状态。单击 MDI 键盘上的 PROG 按钮,由 CRT 界面转入编辑页面。再按菜单软键 [操作],在出现的下级子菜单中按软键 ▶ ,按菜单软键 [READ],单击 MDI 键盘上的数字/字母键,输入"O×"(×为任意不超过四位的数字),按软键 [EXEC],单击菜单中的"机床/DNC 传送"项,在弹出的对话框中选择所需的 NC 程序,按"打开"按钮,则数控程序被导入并显示在 CRT 界面上。

2) 显示数控程序目录。经过导入数控程序的操作后,单击操作面板上的编辑键 ,编辑状态指示灯 变亮,此时已进入编辑状态。单击 MDI 键盘上的 PROG 按钮,由 CRT 界面转入编辑页面。按菜单软键 [LIB],经过 DNC 传送的数控程序名列表显示在 CRT 界面上。

3) 选择一个数控程序。经过导入数控程序的操作后,单击 MDI 键盘上的 PROG 按钮,由

CRT 界面转入编辑页面。利用 MDI 键盘输入"O×"(×为数控程序目录中显示的程序号),按 ↓ 键开始搜索,搜索到后,"O×"显示在屏幕首行程序号位置,NC 程序将显示在屏幕上。

4)删除一个数控程序。单击操作面板上的编辑键 ▨,编辑状态指示灯 ▨ 变亮,此时已进入编辑状态。利用 MDI 键盘输入"O×"(×为要删除的数控程序在目录中显示的程序号),按 DELETE 键,程序即被删除。

5)新建一个 NC 程序。单击操作面板上的编辑键 ▨,编辑状态指示灯 ▨ 变亮,此时已进入编辑状态。单击 MDI 键盘上的 PROG 按钮,由 CRT 界面转入编辑页面。利用 MDI 键盘输入"O×"(×为程序号,但不能与已有程序号重复),按 INSERT 键,CRT 界面上将显示一个空程序,可以通过 MDI 键盘开始程序的输入。输入一段代码后,按 INSERT 键,则数据输入域中的内容将显示在 CRT 界面上,结束一行的输入后用回车换行键 EOB 换行。

6)删除全部数控程序。单击操作面板上的编辑键 ▨,编辑状态指示灯 ▨ 变亮,此时已进入编辑状态。单击 MDI 键盘上的 PROG 按钮,由 CRT 界面转入编辑页面。利用 MDI 键盘输入"0~9999",按 DELETE 键,全部数控程序即被删除。

7)程序编辑。单击操作面板上的编辑键 ▨,编辑状态指示灯 ▨ 变亮,此时已进入编辑状态。单击 MDI 键盘上的 PROG 按钮,由 CRT 界面转入编辑页面。选定了一个数控程序后,此程序显示在 CRT 界面上,可对数控程序进行编辑操作。

移动光标:PAGE↑ 和 PAGE↓ 用于翻页,方位键 ↑↓←→ 用于移动光标。

插入字符:先将光标移到所需位置,单击 MDI 键盘上的数字/字母键,将代码输入到输入域中,按 INSERT 键,把输入域的内容插入到光标所在位置代码的后面。

删除输入域中的数据:按 CAN 键删除输入域中的数据。

删除字符:先将光标移到所要删除字符的位置,按 DELETE 键,删除光标所在位置的代码。

查找:输入需要搜索的字母或代码,按 ↓ 键,开始在当前数控程序中光标所在位置后搜索(代码可以是一个字母或一个完整的代码,如"N0010"和"M"等)。如果此数控程序中有所搜索的代码,则光标停留在找到的代码处;如果此数控程序中光标所在位置后没有所搜索的代码,则光标停留在原处。

替换:先将光标移到所需替换字符的位置,将替换成的字符通过 MDI 键盘输入到输入域中,按 ALTER 键,输入域的内容将替代光标所在处的代码。

8)保存程序。编辑好程序后需要进行保存操作。单击操作面板上的编辑键 ▨,编辑状态指示灯 ▨ 变亮,此时已进入编辑状态。按菜单软键[操作],在下级子菜单中按菜单软键[Punch],在弹出的对话框中输入文件名,选择文件类型和保存路径,按"保存"按钮。

(5)MDI 模式 单击操作面板上的 MDI 键 ▨,使其指示灯变亮,进入 MDI 模式。在 MDI 键盘上按 PROG 键,进入编辑页面。

输入数据指令：在输入键盘上单击数字/字母键，可以作取消、插入、删除等修改操作。按数字/字母键键入字母"O"，再键入程序号，但不可以与已有程序号重复。输入程序后，结束一行的输入后用回车换行键 ⌞EOB⌟ 换行。

移动光标按 ⌞PAGE PAGE⌟ 上、下方向键翻页，按方位键 ⌞↑↓←→⌟ 移动光标；按 ⌞CAN⌟ 键，删除输入域中的数据；按 ⌞DELETE⌟ 键，删除光标所在处的代码；按键盘上的 ⌞INS⌟ 键，输入所编写的数据指令。输入完整数据指令后，按循环启动按钮 ⌞⏵⌟ 运行程序。用 ⌞RESET⌟ 键清除输入的数据。

（6）手动操作

1）手动/连续方式。单击操作面板上的"手动"按钮 ⌞MWW⌟，使其指示灯 ⌞MWW⌟ 亮，机床进入手动模式。分别单击 ⌞X⌟、⌞Y⌟、⌞Z⌟ 键，选择移动的坐标轴，再分别单击 ⌞+⌟、⌞-⌟ 键，控制机床的移动方向，然后单击 ⌞◨◨◨⌟ 控制主轴的转动和停止。

注：刀具切削零件时，主轴需转动。加工过程中刀具与零件发生非正常碰撞后（非正常碰撞包括车刀的刀柄与零件发生碰撞、铣刀与夹具发生碰撞等），系统弹出警告对话框，同时主轴自动停止转动，调整到适当位置后，继续加工时需再次单击 ⌞◨◨◨⌟ 按钮，使主轴重新转动。

2）手动脉冲方式。在手动/连续方式或在对刀、需精确调节机床时，可用手动脉冲方式调节机床。

单击操作面板上的"手动脉冲"按钮 ⌞WWW⌟ 或 ⌞♡⌟，使指示灯 ⌞◯⌟ 变亮。单击按钮 ⌞H⌟，显示手轮 。用鼠标对准"轴选择"旋钮 ，单击左键或右键，选择坐标轴。用鼠标对准"手轮进给速度"旋钮 ，单击左键或右键，选择合适的脉冲当量。用鼠标对准手轮 ⌞◯⌟，单击左键或右键，精确控制机床的移动。

单击 ⌞◨◨◨⌟ 控制主轴的转动和停止。单击 ⌞H⌟，可隐藏手轮。

（7）自动加工方式

1）自动/连续方式。

自动加工的流程如下：

检查机床是否回零。若未回零，先将机床回零（参见"机床回参考点"内容）。导入数控程序或自行编写一段程序（参见"导入程序"内容）。单击操作面板上的"自动运行"按钮 ⌞➡⌟，使其指示灯 ⌞➡⌟ 变亮。单击操作面板上的"循环启动"按钮 ⌞⏵⌟，程序开始执行。

中断运行的操作方法如下：

数控程序在运行过程中可根据需要暂停、停止、急停和重新运行。数控程序在运行时，按"进给保持"按钮 ⌞◯⌟，程序停止执行；再单击 ⌞⏵⌟ 键，程序从暂停位置开始执行。数控程序在运行时，按"停止"按钮 ⌞◼⌟，程序停止执行；再单击 ⌞⏵⌟ 键，程序从开头重新执行。数控程序在运行时,按下"急停"按钮,数控程序中断运行,继续运行时,先将急停按钮松开,再按⬜按钮,余下的数控程序从中断行开始作为一个独立的程序执行。

2)自动/单段方式。检查机床是否回零。若未回零,先将机床回零,再导入数控程序或自行编写一段程序。单击操作面板上的"自动运行"按钮⬜,使其指示灯⬜变亮。单击操作面板上的"单节"按钮⬜。单击操作面板上的"循环启动"按钮⬜,程序开始执行。

注:自动/单段方式执行每一行程序均需单击一次"循环启动"按钮⬜。

单击"单节跳过"按钮⬜,则程序运行时跳过符号"/"有效,该行成为注释行,不执行。单击"选择性停止"按钮⬜,则程序中的M01有效。

可以通过"主轴倍率"旋钮和"进给倍率"旋钮来调节主轴旋转的速度和进给速度。按⬜键可将程序重置。

3. 对刀

数控程序一般按工件坐标系编程,对刀的过程就是建立工件坐标系与机床坐标系之间关系的过程。

(1)铣床及加工中心刀具补偿参数的设置 铣床及加工中心的刀具补偿包括刀具的半径和长度补偿。

(2)输入刀具补偿参数 FANUC 0i 的刀具补偿包括形状补偿和磨耗补偿。

1)在MDI键盘上单击⬜键,进入参数补偿设定界面,如图4-21所示。

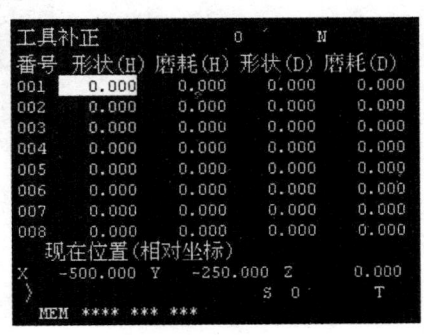

图4-21 参数补偿设定界面

2)用方位键⬜⬜选择所需的番号,并用⬜⬜确定需要设定的直径补偿是形状补偿还是磨耗补偿,将光标移到相应的区域。

3)单击MDI键盘上的数字/字母键,输入刀尖直径补偿参数。

4)按菜单软键[输入]或按⬜键,将参数输入到指定区域。按⬜键逐个字符删除输入域中的字符。

注：直径补偿参数若为 4mm，在输入时需输入"4.000"；如果只输入"4"，则系统默认为 0.004mm。

（3）输入长度补偿参数　在刀具表中按需要输入长度补偿参数。FANUC 0i 的刀具长度补偿包括形状长度补偿和磨耗长度补偿。

1）在 MDI 键盘上单击 [OFFSET SETTING] 键，进入参数补偿设定界面，如图 4-21 所示。

2）用方位键 [↑][↓][←][→] 选择所需的番号，并确定需要设定的长度补偿是形状补偿还是磨耗补偿，将光标移到相应的区域。

3）单击 MDI 键盘上的数字/字母键，输入刀具长度补偿参数。

4）按软键［输入］或按 [INPUT] 键，将参数输入到指定区域。按 [CAN] 键逐个字符删除输入域中的字符。

（4）对刀的方法　下面将具体说明立式加工中心对刀的方法。将工件上表面中心点设为工件坐标系原点。

立式加工中心在选择刀具后，刀具被放置在刀架上。对刀时，首先要使用基准工具在 X、Y 轴方向对刀，再拆除基准工具，将所需刀具装载在主轴上，在 Z 轴方向对刀。

1）刚性靠棒 X、Y 轴对刀。刚性靠棒采用检查塞尺松紧的方式对刀，具体过程如下（采用将零件放置在基准工具左侧的方式）：

单击菜单中的"机床/基准工具"项，在弹出的"基准工具"对话框中，图 4-22a 左边是刚性靠棒基准工具，图 4-22b 右边是寻边器。

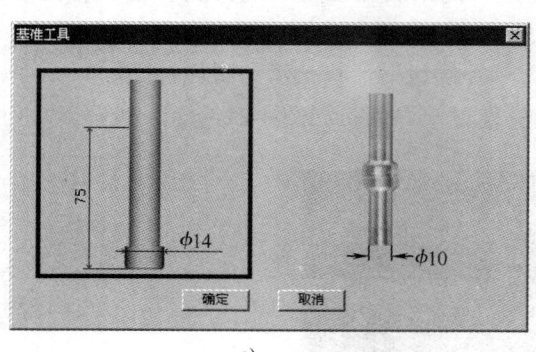 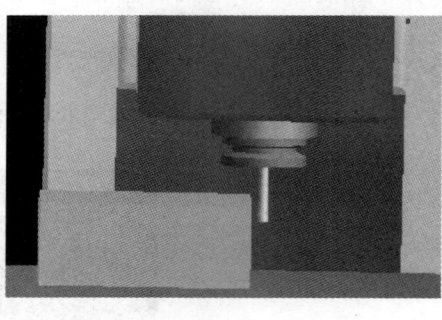

　　　　　　　a)　　　　　　　　　　　　　　　　　　b)

图 4-22　"基准工具"对话框

X 轴方向的对刀步骤如下：

① 单击操作面板中的"手动"按钮 键，手动状态灯 亮，进入"手动"方式。

② 单击 MDI 键盘上的 [POS] 键，使 CRT 界面上显示坐标值；借助"视图"菜单中的动态旋转、动态放缩和动态平移等工具，适当单击 [X]、[Y]、[Z] 按钮和 [+]、[−] 按钮，将机床移动到如图 4-22b 所示的大致位置。

③ 移动到大致位置后，可以采用手轮调节方式移动机床，单击菜单"塞尺检查/1mm"，基准工具和零件之间被插入塞尺。在机床下方显示如图 4-23 所示的局部放大图（紧贴零件的红色物件为塞尺）。

④ 单击操作面板上的"手动脉冲"按钮或，使手动脉冲指示灯变亮，采用手动脉冲方式精确移动机床，单击显示手轮，将手轮对应轴旋钮置于 X 挡，调节手轮进给速度旋钮，在手轮上单击鼠标左键或右键精确移动靠棒，使得提示信息对话框显示"塞尺检查的结果：合适"，如图 4-23 所示。

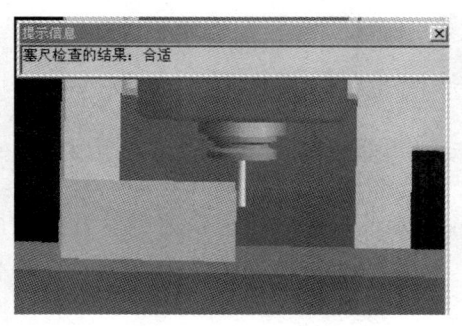
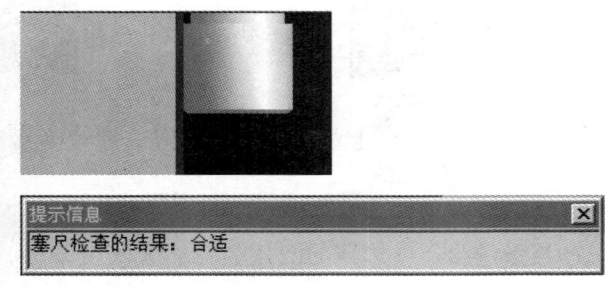

图 4-23　局部放大图

⑤ 记下塞尺检查结果为"合适"时 CRT 界面中的 X 坐标值，此为基准工具中心的 X 坐标，记为 X1；将定义毛坯数据时设定的零件的长度记为 X2；将塞尺厚度记为 X3；将基准工件直径记为 X4（可在选择基准工具时读出）。

则工件上表面中心的 X 的坐标为基准工具中心的 X 的坐标减去零件长度的一半，再减去塞尺厚度，再减去基准工具半径，记为 X。

Y 方向对刀采用同样的方法，得到工件中心的 Y 坐标，记为 Y。

⑥ 完成 X、Y 方向对刀后，单击菜单"塞尺检查/收回塞尺"，将塞尺收回，单击"手动"按钮，手动灯亮，机床转入手动操作状态，单击 Z 和 + 按钮，将 Z 轴提起，再单击菜单"机床/拆除工具"，拆除基准工具。

注：塞尺有各种不同尺寸，可以根据需要调用。本系统提供的塞尺尺寸有 0.05mm、0.1mm、0.2mm、1mm、2mm、3mm 和 100mm（量块）。

2）寻边器 X、Y 轴对刀。寻边器由固定端和测量端两部分组成。固定端由刀具夹头夹持在机床主轴上，中心线与主轴轴线重合。在测量时，主轴以 400r/min 的转速旋转。通过手动方式，使寻边器向工件基准面移动靠近，让测量端接触基准面。在测量端未接触工件时，固定端与测量端的中心线不重合，两者呈偏心状态。当测量端与工件接触后，偏心距减小，这时使用点动方式或手轮方式微调进给，寻边器继续向工件移动，偏心距逐渐减小。当测量端和固定端的中心线重合的瞬间，测量端会明显地偏出，出现明显的偏心状态。这时，主轴中心位置距离工件基准面的距离等于测量端的半径。

X 轴方向对刀的步骤如下：

① 单击操作面板中的"手动"按钮，手动灯亮，系统进入"手动"方式。

② 单击 MDI 键盘上的按钮，使 CRT 界面显示坐标值；借助"视图"菜单中的动态旋

转、动态放缩和动态平移等工具，适当单击操作面板上的 X 、 Y 、 Z 按钮和 + 、 - 按钮，将机床移动到合适的位置。

在手动状态下，单击操作面板上的 或 按钮，使主轴转动。未与工件接触时，寻边器测量端大幅度晃动。

③移动到大致位置后，可采用手动脉冲方式移动机床，单击操作面板上的"手动脉冲"按钮 或 ，使手动脉冲指示灯 变亮，采用手动脉冲方式精确移动机床，单击 显示手轮控制面板 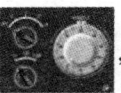，将手轮对应轴旋钮  置于 X 挡，调节手轮进给速度旋钮 ，在手轮 上单击鼠标左键或右键精确移动寻边器，寻边器测量端晃动幅度逐渐减小，直至固定端与测量端的中心线重合，如图 4-24 所示。若此时用增量或手轮方式以最小脉冲当量进给，寻边器的测量端突然大幅度偏移，如图 4-25 所示，即认为此时寻边器与工件恰好吻合。

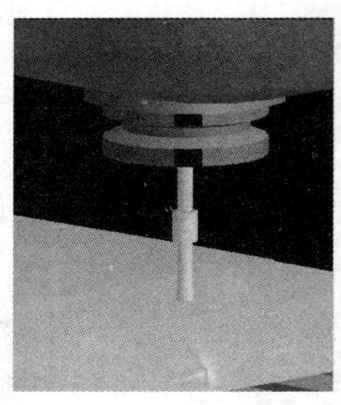 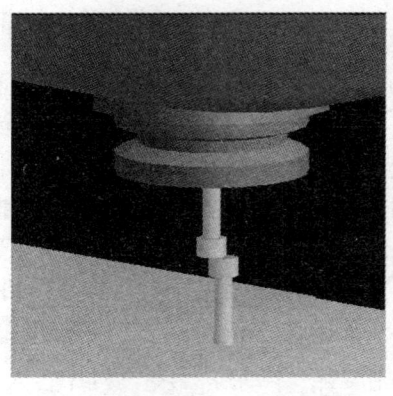

图 4-24　固定端与测量端的中心线重合　　　　图 4-25　寻边器的测量端发生偏移

④记下寻边器与工件恰好吻合时 CRT 界面中的 X 坐标，此为基准工具中心的 X 坐标，记为 X1；将定义毛坯数据时设定的零件的长度记为 X2；将基准工件直径记为 X3（可在选择基准工具时读出）。则工件上表面中心的 X 坐标为基准工具中心的 X 坐标减去零件长度的一半，再减去基准工具半径，记为 X。

Y 方向对刀采用同样的方法，得到工件中心的 Y 坐标，记为 Y。

⑤完成 X、Y 方向对刀后，单击 Z 和 + 按钮，将 Z 轴提起，停止主轴转动，再单击菜单"机床/拆除工具"，拆除基准工具。

3）塞尺法 Z 轴对刀。立式加工中心 Z 轴对刀时采用实际加工时所要使用的刀具，步骤如下：

①单击菜单"机床/选择刀具"或单击工具条上的小图标 ，选择所需刀具。

②装好刀具后，单击操作面板中的手动按钮 [img]，手动状态指示灯 [img] 亮，系统进入"手动"方式。

③利用操作面板上的 [X]、[Y]、[Z] 按钮和 [+]、[-] 按钮，将机床移到如图4-26所示的大致位置。

④类似在X、Y方向对刀的方法进行塞尺检查，得到"塞尺检查：合适"时Z的坐标值，记为Z1，如图4-27所示。则坐标值Z1减去塞尺厚度后的数值为工件上表面的Z坐标，此时工件坐标系在工件上表面。

图4-26 将机床移到大致位置

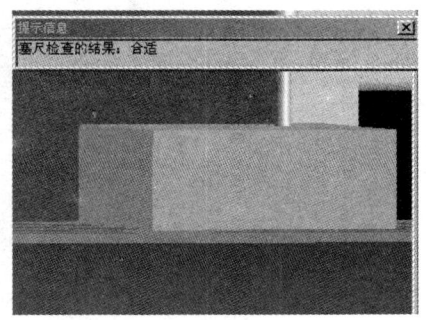

图4-27 塞尺检查信息

4) 试切法Z轴对刀，步骤如下：

① 单击菜单"机床/选择刀具"或单击工具条上的小图标 [img]，选择所需刀具。

② 装好刀具后，利用操作面板上的 [X]、[Y]、[Z] 按钮和 [+]、[-] 按钮，将机床移到如图4-26所示的大致位置。

③ 打开菜单"视图/选项"中的"声音开"和"铁屑开"选项。

④ 单击操作面板上的 [图] 或 [图] 按钮使主轴转动；单击操作面板上的 [Z] 和 [-] 按钮，切削零件的声音刚响起时停止，使铣刀将零件切削小部分，记下此时Z的坐标值，记为Z，此为工件表面一点处Z的坐标值。

通过对刀得到的坐标值（X，Y，Z），即为工件坐标系原点在机床坐标系中的坐标值。

4. 运行轨迹

NC程序导入后，可检查运行轨迹。

单击操作面板上的"自动运行"按钮 [图]，使其指示灯 [图] 变亮，转入自动加工模式，单击MDI键盘上的 [PROG] 按钮，单击数字/字母键，输入"O×"（×为所需要检查运行轨迹的数控程序号），按 [↓] 开始搜索，找到后，程序显示在CRT界面上。单击 [图] 按钮，进入检查运行轨迹模式，单击操作面板上的"循环启动"按钮 [图]，即可观察数控程序的运行轨迹，此时也可通过"视图"菜单中的动态旋转、动态放缩和动态平移等方式对三维运行轨迹进行全方位的动态观察。

5. 机床、工件和刀具操作

（1）选择机床 打开菜单"机床/选择机床"，在选择机床对话框中选择控制系统类型和相应的机床并按"确定"按钮，此时界面如图 4-28 所示。

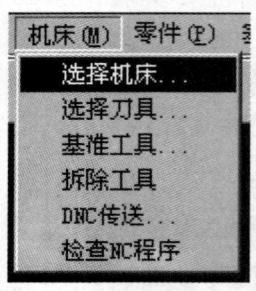
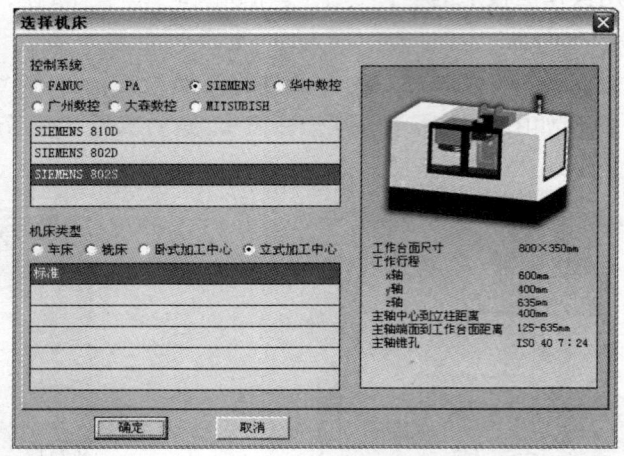

图 4-28 "选择机床"界面

（2）定义毛坯及装夹 打开菜单"零件/定义毛坯"或在工具条上选择 按钮，系统打开图 4-29 所示对话框。

名字输入：在毛坯名字输入框内输入毛坯名，也可使用默认值。

选择毛坯形状：铣床、加工中心有两种形状的毛坯供选择，即长方形毛坯和圆柱形毛坯，可以在"形状"下拉列表中选择毛坯形状。

选择毛坯材料：毛坯材料列表框中提供了多种供加工的毛坯材料，可根据需要在"材料"下拉列表中选择毛坯材料。

参数输入：尺寸输入框用于输入尺寸，单位为毫米。

保存退出：按"确定"按钮，保存定义的毛坯并且退出本操作。

取消退出：按"取消"按钮，退出本操作。

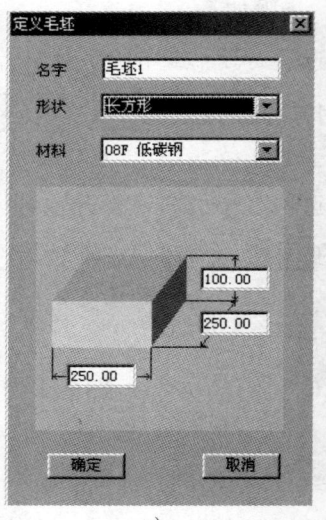
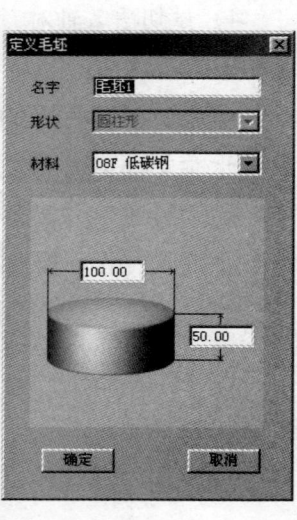

a)   b)

图 4-29 "毛坯定义"对话框
a）长方形毛坯定义 b）圆形毛坯定义

使用夹具：打开菜单"零件/安装夹具"命令或者在工具条上选择图标 ，打开操作对话框。

首先在"选择零件"列表框中选择毛坯；然后在"选择夹具"列表框中选择夹具，长

方体零件可以使用工艺板或者机用虎钳，圆柱形零件可以选择工艺板或者卡盘，如图4-30

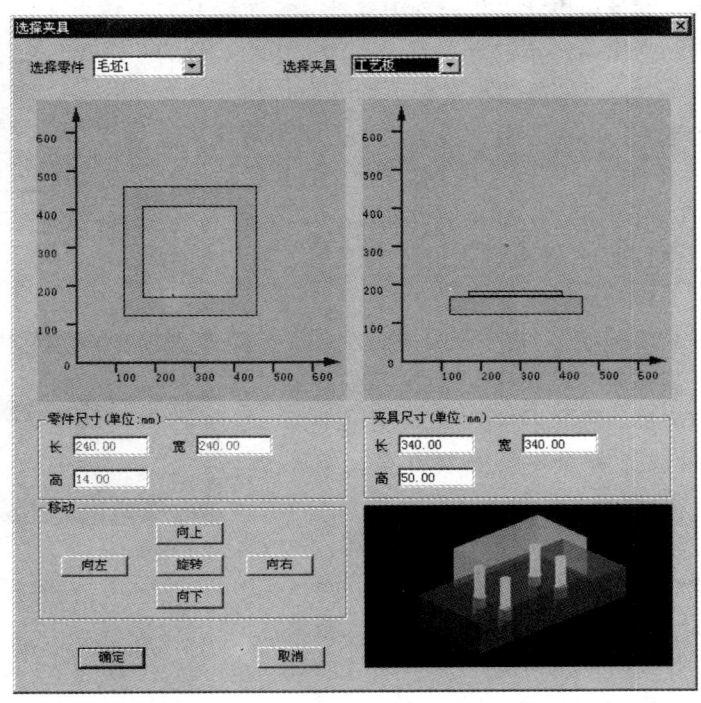

图4-30 "选择夹具"列表框

所示；"夹具尺寸"输入框显示的是系统提供的尺寸，用户可以修改工艺板的尺寸。

各个方向的"移动"按钮供操作者调整毛坯在夹具上的位置。

放置零件：打开菜单中的"零件/放置零件"命令，或者在工具条上选择图标，系统弹出操作对话框，如图4-31所示。在列表中单击所需的零件，选中的零件信息加亮显示，按下"安装零件"按钮，系统自动关闭对话框，零件和夹具（如果已经选择了夹具）将被放到机床上。对于卧式加工中心，还可以在上述对话框中选择是否使用角尺板。如果选择了使用角尺板，那么在放置零件时，角尺板同时出现在机床台面上。

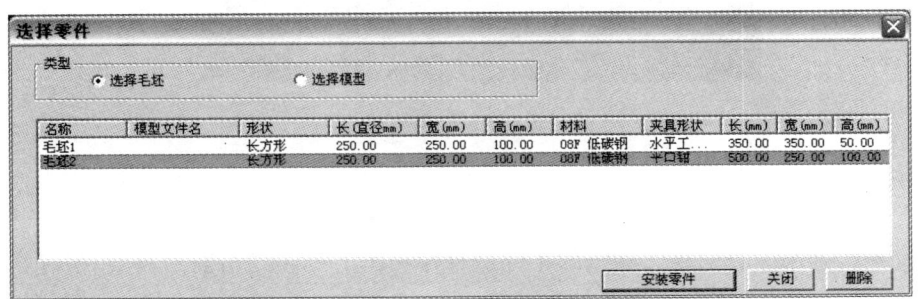

图4-31 "选择零件"对话框

如果进行过"导入零件模型"的操作，对话框的零件列表中会显示模型文件名；若在类型列表中选择"选择模型"，则可以选择导入零件模型文件。选择的零件模型即经过部分加工的成形毛坯被放置在机床台面上。

调整零件位置：零件可以在工作台面上移动。毛坯放上工作台后，系统将自动弹出一个小键盘（铣床、加工中心对应的小键盘如图 4-32 所示），通过按动小键盘上的方向按钮，可实现零件的平移。小键盘上的"退出"按钮用于关闭小键盘。选择菜单"零件/移动零件"也可以打开小键盘。请在执行其他操作前关闭小键盘。

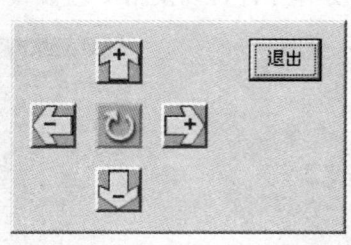

图 4-32 弹出的小键盘

使用压板：当使用工艺板或者不使用夹具时，可以使用压板。

安装压板：打开菜单"零件/安装压板"，系统打开"选择压板"对话框，如图 4-33 所示。对话框中列出了各种安装方案，可以拉动滚动条浏览全部许可的方案，然后选择所需要的安装方案，按下"确定"按钮，压板将出现在台面上。

在"压板尺寸"中可更改压板长、高、宽，范围：长 30~100mm；高 10~20mm；宽 10~50mm。

移动压板：打开菜单"零件/移动压板"，系统弹出小键盘，操作者可以根据需要平移压板（但是不能旋转压板）。首先用鼠标选择需移动的压板，被选中的压板变成灰色；然后按动小键盘中的方向按钮操纵压板移动，如图 4-34 所示。

拆除压板：选择菜单"零件/拆除压板"，将拆

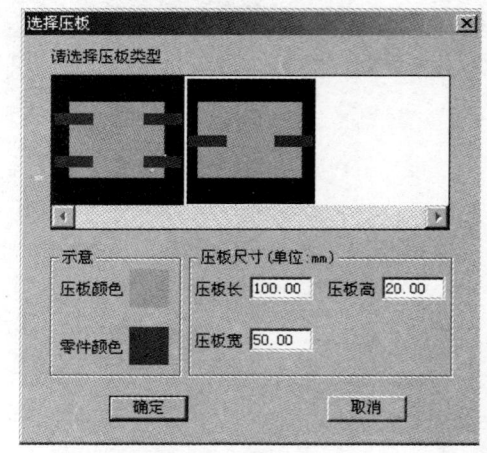

图 4-33 "选择压板"对话框

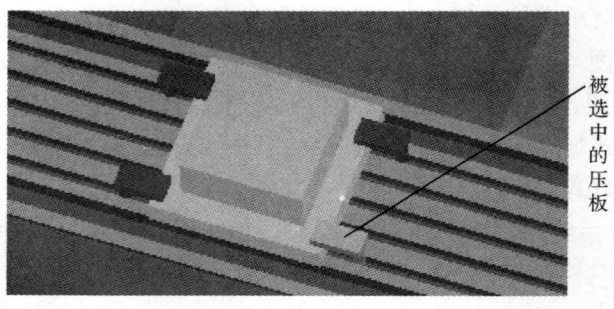

图 4-34 移动压板

除全部压板。

（3）刀具的选择及安装（加工中心和数控铣床选刀）

1）按条件列出工具清单。筛选的条件是直径和类型：在"所需刀具直径"输入框内输入直径，如果不把直径作为筛选条件，请输入数字"0"；在"所需刀具类型"选择列表中选择刀具类型，可供选择的刀具类型有平底刀、平底带 R 刀、球头刀、钻头和镗刀等。

按下"确定"按钮，符合条件的刀具在"可选刀具"列表中显示。

2）指定刀位号。对话框下半部中的序号（见图 4-35）就是刀库中的刀位号。卧式加工

中心允许同时选择 20 把刀具；立式加工中心允许同时选择 24 把刀具。对于铣床，对话框中只有 1 号刀位可以使用。用鼠标单击"已经选择的刀具"列表中的序号制订刀位号。

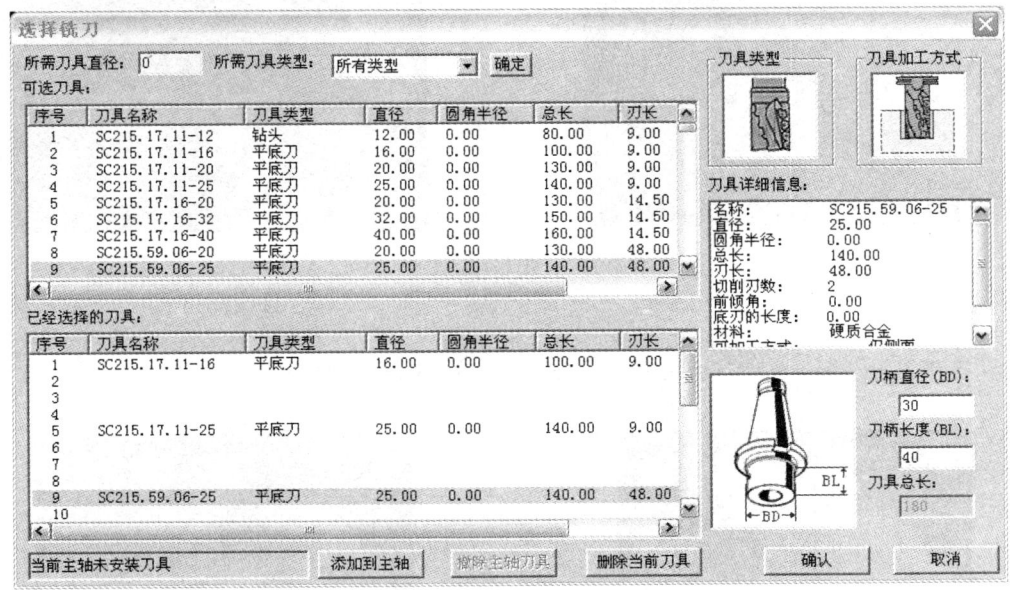

图 4-35 加工中心指定刀位号

3) 选择需要的刀具。指定刀位号后，再用鼠标单击"可选刀具"列表中的所需刀具，选中的刀具对应显示在"已经选择的刀具"列表中选中的刀位号所在行。

4) 输入刀柄参数。操作者可以按需要输入刀柄参数。刀柄参数有直径和长度两个。总长度是刀柄长度与刀具长度之和。

5) 删除当前刀具。按"删除当前刀具"键可删除此时"已经选择的刀具"列表中光标所在行的刀具。

6) 确认选刀。选择完全部刀具后，按"确认"键完成选刀操作，或者按"取消"键退出选刀操作。

加工中心的刀具在刀库中，如果在选择刀具的操作中同时要指定某把刀安装到主轴上，可以先用光标选中，然后单击"添加到主轴"按钮，铣床的刀具自动装到主轴上。

7) 装刀。立式加工中心有两种装刀方法：一是选择菜单"机床/选择刀具"，在"选择铣刀"对话框内将刀具添加到主轴；二是用 MDI 指令方式将刀具放在主轴上。以下介绍使用 MDI 指令方式装刀的步骤。

① 单击操作面板上的 MDI 按钮，使系统进入 MDI 运行模式。

② 单击 MDI 键盘上的 键，CRT 界面如图 4-36 所示。

③ 利用 MDI 键盘输入"G28 Z0.00"，按 键，将输入域中的内容输到指定区域。CRT 界面如图 4-37 所示。

④ 单击 按钮，主轴回到换刀点，机床如图 4-38 所示。利用 MDI 键盘输入"T01 M06"，按 键，将输入域中的内容输到指定区域。

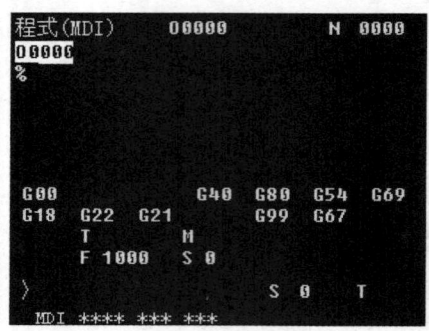 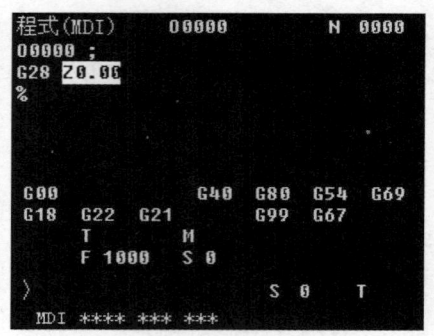

图 4-36　CRT 界面（一）　　　　　图 4-37　CRT 界面（二）

⑤ 单击 [1] 按钮，一号刀被装载在主轴上，如图 4-39 所示。

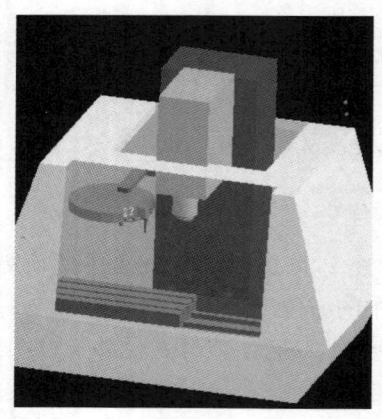 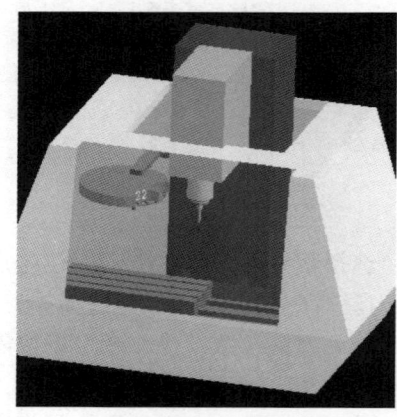

图 4-38　主轴回到换刀点时的机床　　　　　图 4-39　刀具被装载到主轴上的机床

4.3.5　零件加工仿真

1. 开机、回参考点及选择机床

选择北京第一机床厂的 XKA714/B 数控立式加工中心，系统为 FANUC 0i 系统，如图 4-40 所示。

2. 程序输入

在操作面板上按下编辑键 [编辑]，然后再按面板上的 [PROG] 键，进入程序编辑界面，直接用 FANUC 0i 系统的 MDI 键盘输入。

采用通过记事本或写字板等编辑软件输入程序并保存为文本格式，按照下面的方法调入程序。

单击操作面板上的编辑键 [编辑]，编辑状态指示灯 [→] 变亮，此时已进入编辑状态。单击 MDI 键盘上的 [PROG] 按钮，由 CRT 界面转入编辑页面。再按菜单软键［操作］，在出现的下级子

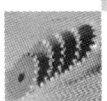

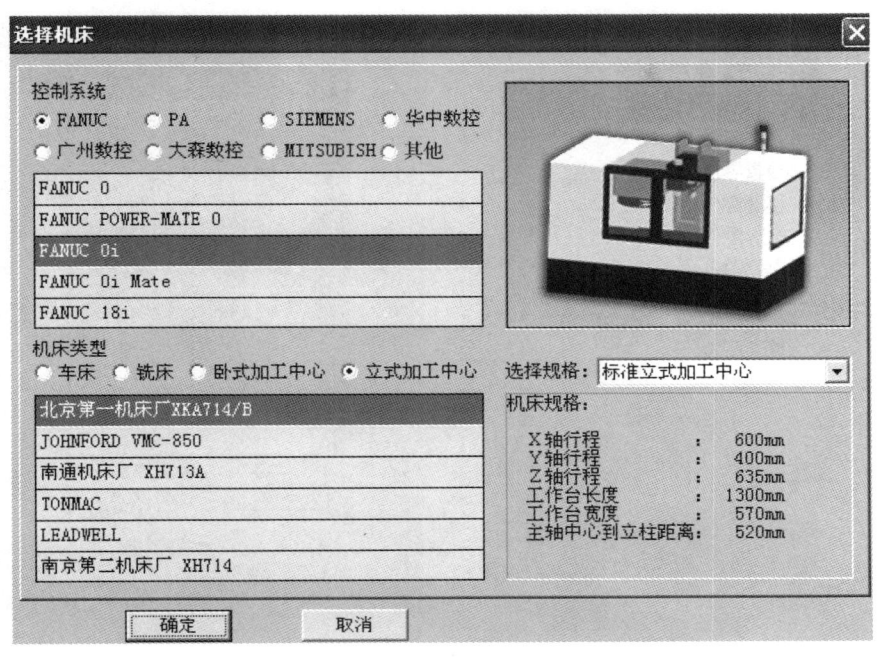

图 4-40 选择机床

菜单中按软键 ▶，按菜单软键 [READ]，单击 MDI 键盘上的数字/字母键，输入 "O0004"，按软键 [EXEC]；单击菜单 "机床/DNC 传送"，在弹出的对话框中选择所需的 NC 程序，按 "打开" 按钮，则数控程序被导入并显示在 CRT 界面上，如图 4-41 所示。

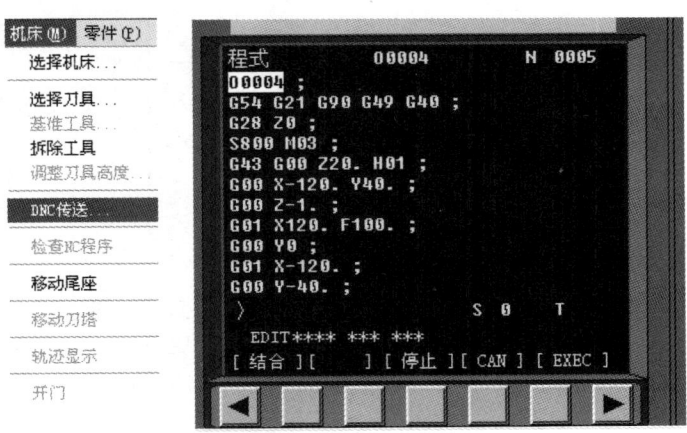

图 4-41 程序调入

3. 定义毛坯及装夹

参见前面的定义毛坯及装夹方法，如图 4-42、图 4-43 和图 4-44 所示。

4. 刀具的选择及安装

立式加工中心装刀有两种方法，一是选择菜单 "机床/选择刀具"，在 "选择铣刀" 对话框内将刀具添加到主轴，如图 4-45 所示；二是用 MDI 指令方式将刀架上的刀具放置在主轴上。MDI 指令方式装刀的步骤如下：

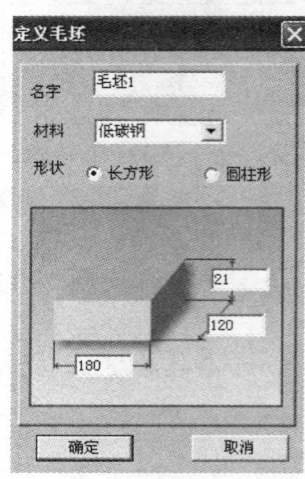

图 4-42　定义毛坯

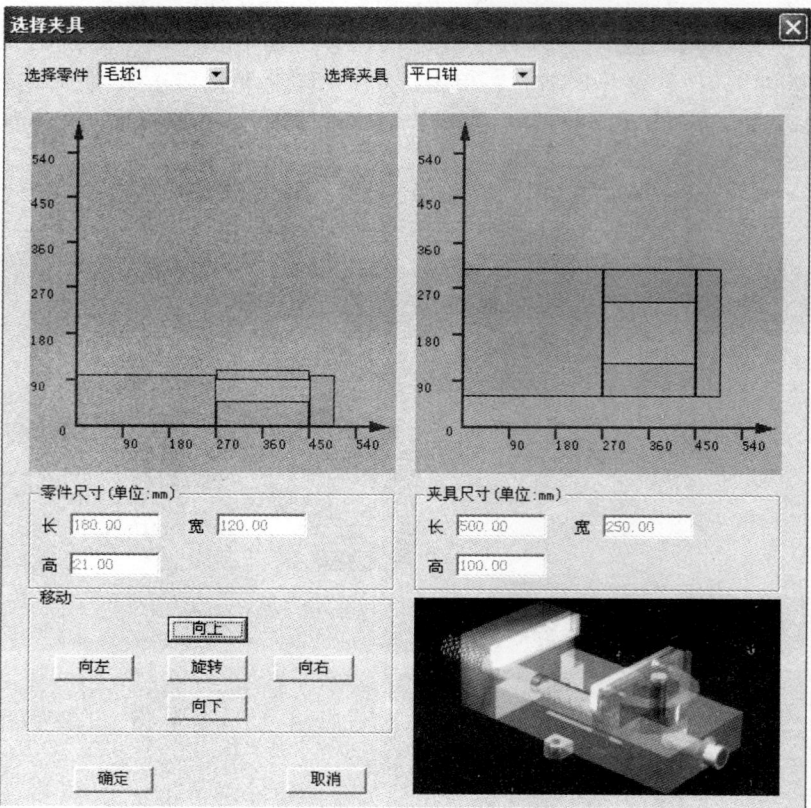

图 4-43　安装夹具

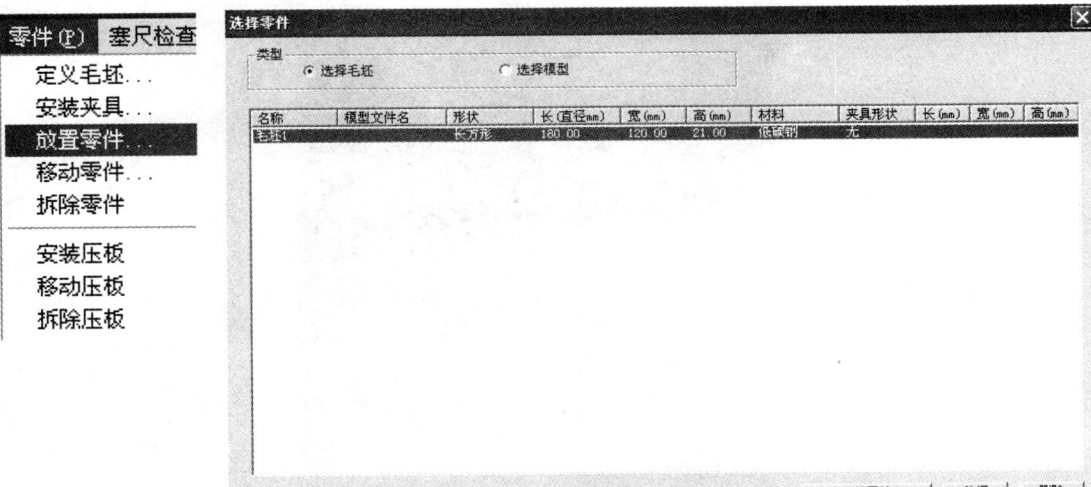

图 4-44 放置零件

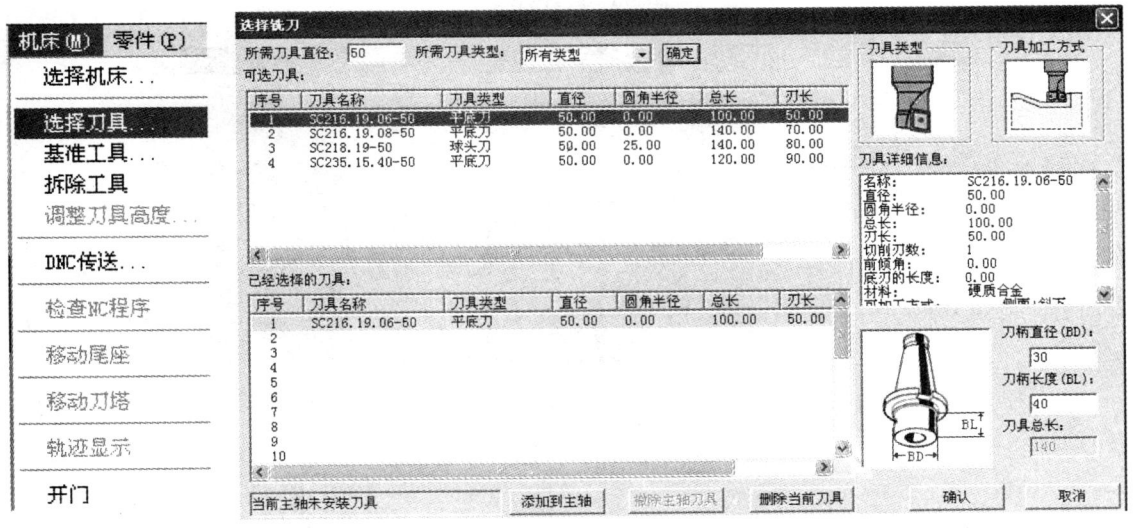

图 4-45 刀具定义及安装

将操作面板上的模式旋钮置于 MDI 挡，进入 MDI 编辑模式。按键，使 CRT 界面显示 MDI 编辑界面。单击 MDI 键盘上的数字/字母键，输入"G28 Z0"，告知机床通过某点回换刀点。此时单击 按钮，机床运行到换刀点。单击 MDI 键盘，输入"M06 T×"，刀架旋转后将指定刀位的刀具装好。装好后的刀具如图 4-46 所示。

5. 对刀

本例采用刚性靠棒检查塞尺松紧的方式对刀，如图 4-47 所示。

（1）X 轴方向对刀　单击操作面板中的"手动"按钮 ，手动状态指示灯 亮，进入"手动"方式，适当单击 +X 、+Y 、+Z 、-X 、-Y 和 -Z 按钮，将机床移动到适当的位置。可

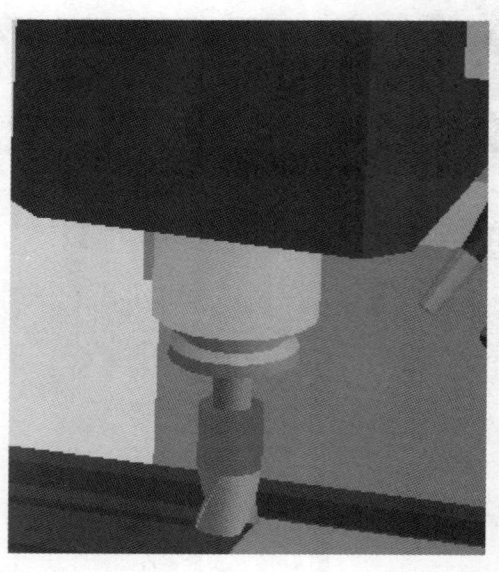

图 4-46 装好后的刀具

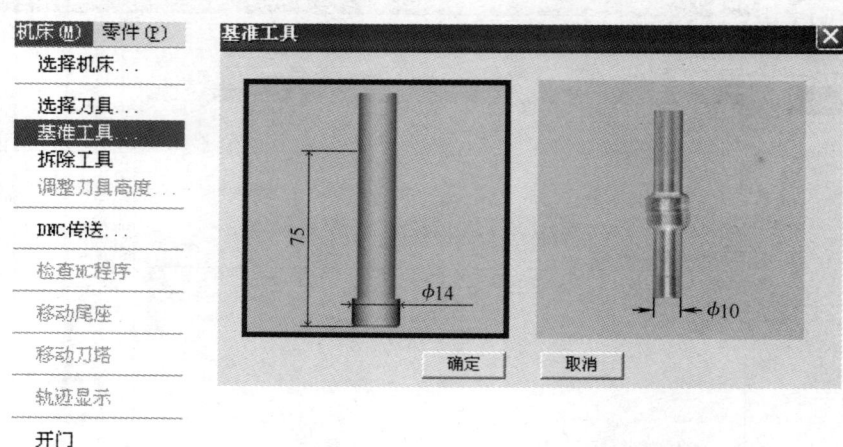

图 4-47 对刀工具

以采用手轮调节方式移动机床,单击菜单"塞尺检查/1mm",基准工具和零件之间被插入塞尺,紧贴零件的红色物件为塞尺。单击操作面板上的"手动脉冲"按钮,使手动脉冲指示灯变亮,采用手动脉冲方式精确移动机床,单击显示手轮,将手轮对应轴旋钮置于 X 挡,调节手轮进给速度旋钮,在手轮上单击鼠标左键或右键精确移动靠棒,使得提示信息对话框显示"塞尺检查的结果:合适"。记下塞尺检查结果为"合适"时 CRT 界面中的 X 坐标值。

在图 4-48 所示情况下，毛坯上表面中间为工件原点：G54 中的 X = -398 + 7 + 1（塞尺宽度）+ 90 = -300，然后进入 OFFSET SETTING 界面，在 G54 的 X 中输入：-300.，如图 4-48 所示。

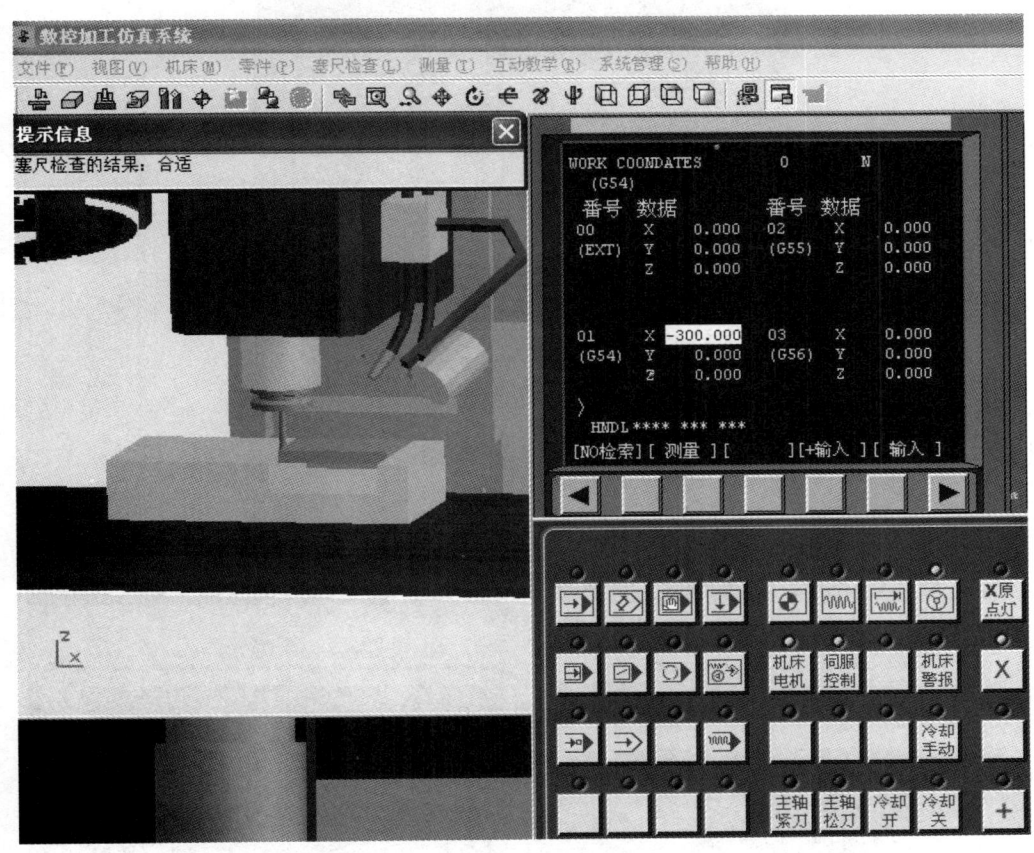

图 4-48　X 向对刀

（2）Y 方向对刀　采用同样的方法，得到工件中心的 Y 坐标，记为 Y。

完成 X、Y 方向对刀后，单击菜单"塞尺检查/收回塞尺"将塞尺收回，单击"手动"按钮，手动指示灯亮，机床转入手动操作状态，单击 +Z 按钮，将 Z 轴提起，再单击菜单"机床/拆除工具"，拆除基准工具。如图 4-49 所示，完成 Y 向坐标系的设置。

（3）塞尺法 Z 轴对刀　铣床 Z 轴对刀时采用实际加工时所要使用的刀具，选择所需刀具，装好刀具后，单击操作面板中的"手动"按钮，利用操作面板上的 +X、+Y、+Z、-X、-Y 和 -Z 按钮，将机床移动到适当的位置。用类似在 X、Y 方向对刀的方法进行塞尺检查，得到"塞尺检查：合适"时 Z 的坐标值，记为"Z - 472"，则坐标值 Z - 472 减去塞尺厚度后的数值为 Z 坐标，将 -473. 输入 01 号刀具长度补偿，如图 4-50 所示。

（4）自动加工　单击操作面板上的"自动运行"按钮，使其指示灯变亮。

单击操作面板上的"循环启动"按钮，程序开始执行。执行加工的过程如图 4-51

所示。

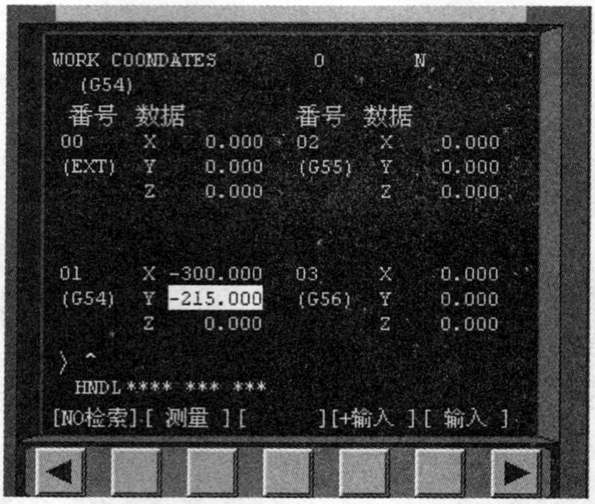

图 4-49 Y 坐标设置

图 4-50 Z 向对刀及设置

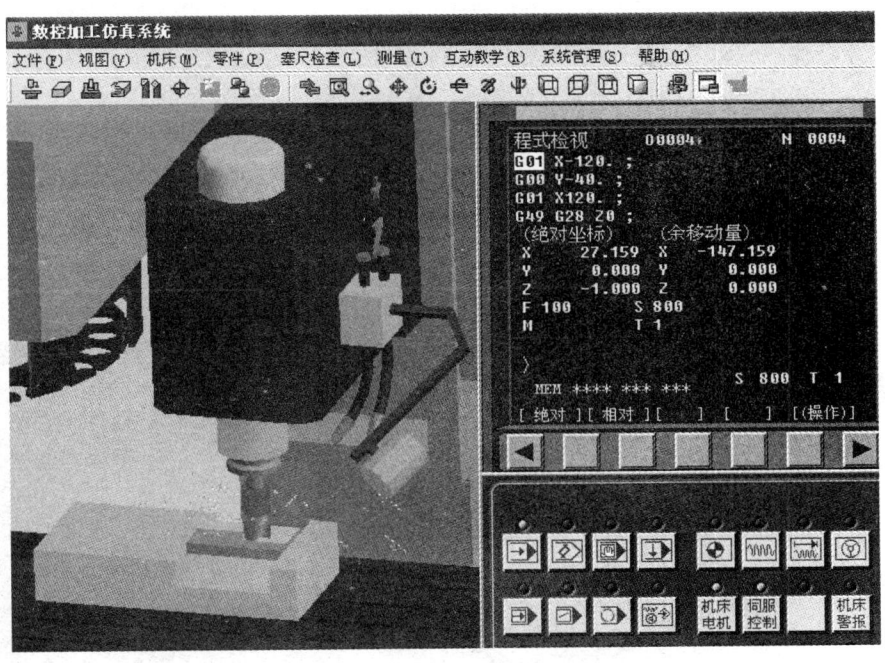

图 4-51　自动加工过程

最终的零件加工结果如图 4-52 所示。

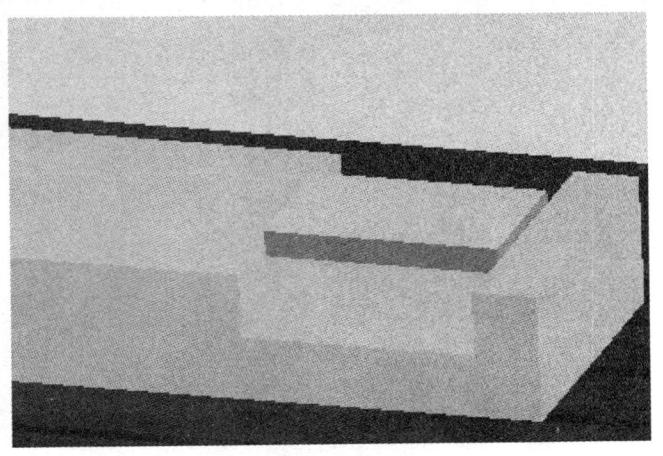

图 4-52　零件加工结果

4.4　零件检查与评估

4.4.1　检测项目

1）检查走刀轨迹的正确性。
2）检查最终的零件形状是否正确。

3）检查操作过程是否规范。
4）检查零件的尺寸是否合格。

4.4.2 检测方法

选择"测量"菜单，然后选择下拉菜单中的"剖面图测量"，分别对相应的尺寸进行检测。注意选择测量平面及调整高度，测量该保证的尺寸，如图 4-53 所示。

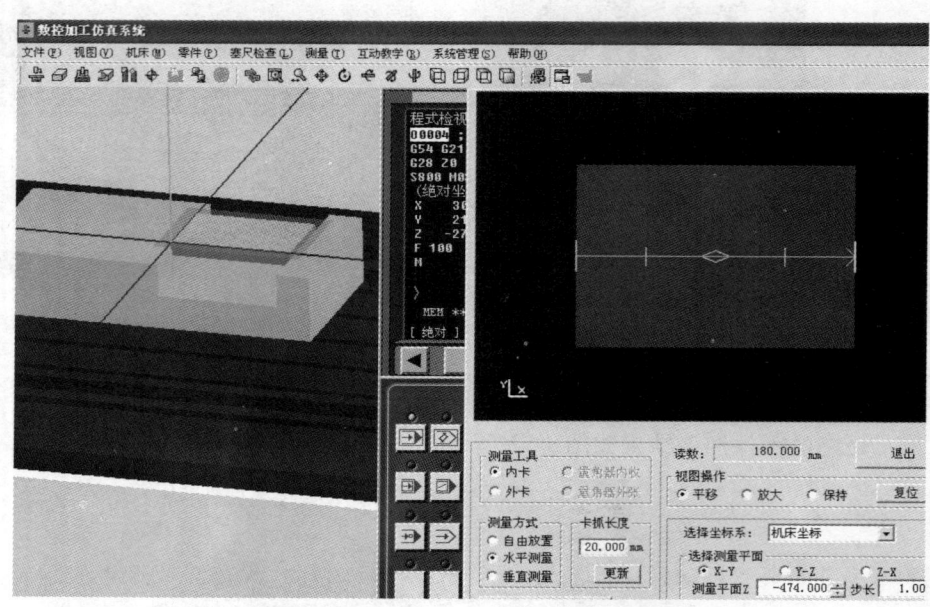

图 4-53 尺寸检查

4.4.3 评估总结

1）根据检测结果，总结产生零件尺寸偏差的原因，找出优化刀具轨迹和控制零件尺寸的方法。
2）对整个学习情境的执行过程与结果给一个综合的评价。

实训四 零件平面的数控铣削加工仿真实训

一、实训目的

1）熟悉 FANUC 0iM 系统的面板。
2）熟悉开机、对刀、程序编辑调试以及机床操作等基本操作。

3）能正确仿真加工平面零件。

二、实训内容

完成如图 4-54 所示零件的数控车削加工仿真。

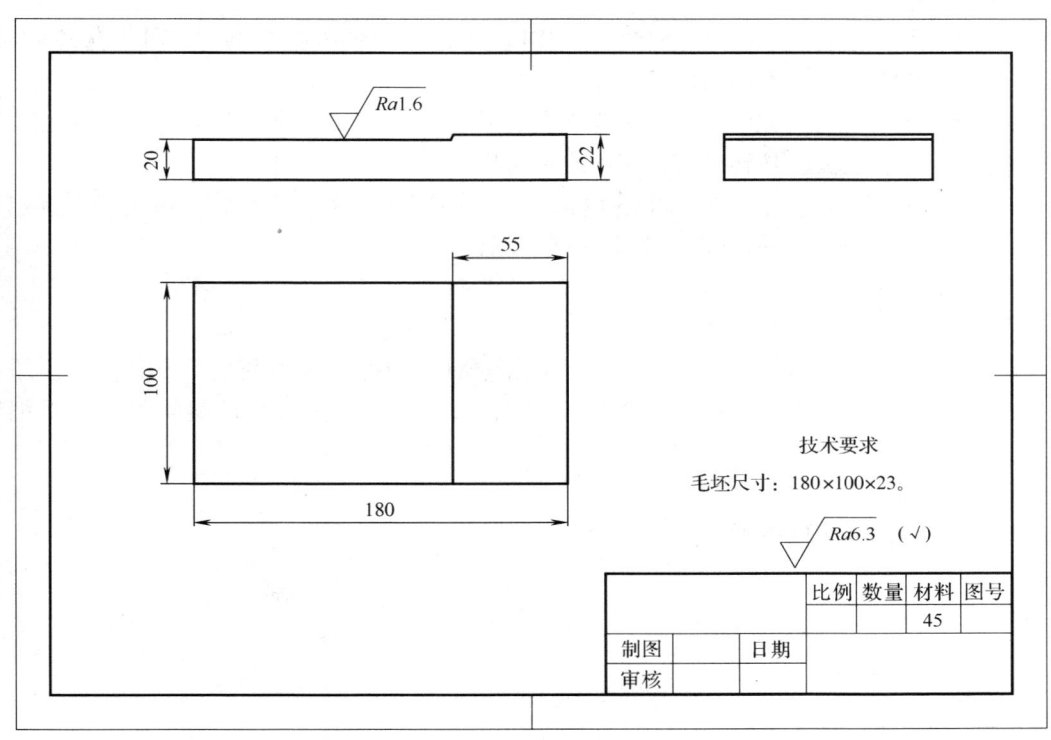

图 4-54　实训四零件图

三、实训步骤

1. 选择 FANUC 0iM 系统

双击文件"SWCNC.exe",在下拉菜单中选择"FANUC 0iM",再单击"运行"按钮,再单击"急停"按钮 ,将其松开。

2. 刀具的选择及安装

单击"机床操作",选择菜单中的"刀具管理"选项,将需要的刀具下拉至"机床刀库",单击需对刀的刀具,并单击"添加到主轴"选项,最后"确定"按钮。

3. 定义毛坯及装夹

单击"工件操作",选择下拉菜单中"设置毛坯"选项,根据需要设置相应的工件长、宽、高,选中"更换工件"并单击"确定"按钮。

单击"工件操作",选择下拉菜单中"工件装夹"选项,选中"平口钳装夹",上、下调整工件位置后,单击"确定"按钮。

4. 回零操作

单击▣按钮（回原点），进入回原点模式。先将 Z 轴回原点，单击▣按钮（Z 轴选择），Z 轴将回原点；单击▣按钮（X 轴选择），将 X 轴回原点；单击▣按钮（Y 轴选择），将 Y 轴回原点。

5. 对刀操作

（1）开主轴　选择面板上的▣和▣（MDI）键，并选中屏幕中的"MDI"灰色软键，输入"M03 S500"，单击▣（INSERT 键）和▣（循环启动键）。

（2）调整刀具位置　以手动移动 X 轴为例，单击▣按钮（手动进给方式），选中▣按钮（X 轴选择），通过▣或▣按钮使刀具正向或负向移动。

（3）刀补界面　单击上面界面中的▣按钮，选中"坐标系"灰键，通过上、下键选择 G54～G59 项，输入相应的坐标值，单击灰键"测量"。

6. 程序输入

打开"程序保护"项，在操作面板上单击▣键和▣键，选中灰键"DIR"（程序目录），输入程序名称（字母 O 加四位数字组成），按下▣键，进入程序编辑界面，可编辑程序。

7. 自动加工

单击▣键和▣键执行程序。

8. 测量

略。

四、实训报告

完成实训报告，见表 4-5。

表 4-5　实训报告四

学　号		姓　名		实 训 时 间	
实训设备					
加工验证正确的平面铣削程序					
备注：					

本课题小结

本课题主要围绕零件平面的数控铣削加工进行介绍，重点介绍了数控铣床的组成及工作原理，数控铣床的分类和特点，数控铣床坐标系的规定；还介绍了数控铣削编程的特点和程序结构，平面零件铣削程序编制的基本指令和思路，以及利用软件对编制的数控铣削程序进行仿真。

本课题的难点是数控铣床坐标系及坐标轴的规定，工件坐标系的正确选择和建立，零件平面的数控铣削加工粗、精加工的走刀路线以及相关基点的计算，刀具的选择，基本编程指令的格式和正确使用，数控铣削仿真软件的基本操作。

通过本课题的学习，应该了解数控铣削加工的相关基本概念，了解数控铣床的分类和特点，了解数控铣削加工的基本过程；掌握数控铣床坐标系的建立，掌握数控铣削平面的走刀路线，掌握数控铣削仿真软件的基本操作；会编制零件平面数控铣削加工程序并正确调试、检验、加工，能解决加工中的常见问题。

【练习题】

一、判断题（正确的在括号里画√，错误的画×）

1. 在卧式铣床上用圆柱铣刀铣削表面有硬皮的毛坯工件平面时应采用顺铣。（　　）
2. 顺铣是指铣刀的切削速度方向与工件的进给运动方向相反的铣削。（　　）
3. 铣削平面宽度为 80mm 的工件，可使用 100mm 的面铣刀。（　　）
4. 用立铣刀铣削成型面时，铣刀直径应根据最小的外圆弧确定。（　　）
5. 铸铁粗坯工件宜避免采用逆铣法，以免铣刀经常切削到黑皮。（　　）
6. 铣削工件时，若面铣刀由原路径退回，宜先提刀。（　　）
7. 铣削用量选择的次序是：铣削速度、每齿进给量、铣削层宽度，最后是铣削层深度。（　　）
8. 直径 100mm 的 4 刃面铣刀以 350r/min 旋转，若进给速率（F）为 250mm/min，则每刃的进给量为 0.71mm/min。（　　）
9. 安装机用虎钳时，应校正钳口之平行度及垂直度。（　　）
10. 精铣宜采用多刃面铣刀以获得较理想的加工表面。（　　）
11. 铣削时，宜注意铣刀回转方向。（　　）
12. 在可能的情况下，铣削平面宜尽量采用较大直径的铣刀。（　　）
13. 6 刃之面铣刀，以 80r/min 铣削，如每一切削刃进刀为 0.2mm，则进给率为 96mm/min。（　　）
14. 铣削零件轮廓时，进给路线对加工精度和表面质量无直接影响。（　　）
15. G43 指令为刀具补偿正补偿，所以其补偿值必须为正值。（　　）

二、选择题（将正确的答案填在括号里）

1. 在 G41 或 G42 指令的程序段中能用（　　）指令。
   A. G00 或 G01　　B. G02 或 G03　　C. G01 或 G02　　D. G01 或 G03
2. 刀具长度补偿使用地址（　　）。
   A. H　　B. T　　C. R　　D. D

3. 在 "G43 G01 Z15.0 H15;" 语句中，H15 表示（　　）。
   A. Z 轴的位置是 15　　　　　　　　B. 刀具表的地址是 15
   C. 长度补偿值是 15　　　　　　　　D. 半径补偿值是 15
4. G92 的作用是（　　）。
   A. 设定刀具的长度补偿值　　　　　B. 设定工件坐标系
   C. 设定机床坐标系　　　　　　　　D. 增量坐标编程
5. 下列关于 G54 与 G92 指令说法中不正确的是（　　）。
   A. G54 与 G92 都是用于设定工件加工坐标系的
   B. G92 是通过程序来设定加工坐标系的，G54 是通过 CRT/MDI 在设置参数方式下设定工件加工坐标系的
   C. G92 所设定的加工坐标系原点与当前刀具所在位置无关
   D. G54 所设定的加工坐标系原点与当前刀具所在位置无关
6. 在铣削一个 XY 平面上的圆弧时，圆弧起点在（30，0），终点在（-30，0），半径为 50mm，圆弧起点到终点的旋转方向为顺时针，则铣削圆弧的指令为（　　）。
   A. G17 G90 G02 X-30.0 Y0 R50.0 F50;
   B. G17 G90 G03 X-300.0 Y0 R-50.0 F50;
   C. G17 G90 G02 X-30.0 Y0 R-50.0 F50;
   D. G18 G90 G02 X30.0 Y0 R50.0 F50;
7. 可以采用（　　）指令使刀具经由一个中间点返回第 2、3、4 参考点。
   A. G27　　　　　　B. G28　　　　　　C. G29　　　　　　D. G30
8. 在循环加工时，当执行有 M00 指令的程序段后，如果要继续执行下面的程序，必须按（　　）按钮。
   A. 循环启动　　　　B. 转换　　　　　　C. 输出　　　　　　D. 进给保持
9. 如果在某一零件外轮廓进行粗铣加工时，所用的刀具半径补偿值设定为 6，精加工余量为 1mm，则在用同一加工程序对它进行精加工时，应将上述刀具半径补偿值调整为（　　）。
   A. 8　　　　　　　B. 6　　　　　　　C. 5　　　　　　　D. 4
10. 程序中指定了（　　）时，刀具半径补偿被撤销。
    A. G40　　　　　　B. G41　　　　　　C. G42
11. 数控机床的旋转轴之一 B 轴是绕（　　）直线轴旋转的轴。
    A. X 轴　　　　　　B. Y 轴　　　　　　C. Z 轴　　　　　　D. W 轴
12. 铣削工件宽度 100mm 之平面，切除效率较高之铣刀为（　　）。
    A. 面铣刀　　　　　B. 槽铣刀　　　　　C. 侧铣刀
13. 数控铣床的 "MDI" 表示（　　）。
    A. 自动循环加工　　　　　　　　　B. 手动数控输入
    C. 手动进给方式　　　　　　　　　D. 示教方式
14. 铣削加工时，为了减小工件表面粗糙度 Ra 的值，应该采用（　　）。
    A. 顺铣　　　　　　　　　　　　　B. 逆铣
    C. 顺铣和逆铣都一样　　　　　　　D. 依被加工表面材料决定

15. 用 φ12mm 的刀具进行轮廓的粗、精加工，要求精加工余量为 0.4mm，则粗加工偏移量为（　　）。
   A. 12.4　　　　　　B. 11.6　　　　　　C. 6.4
16. 数铣中，（　　）表示主轴顺时针转的指令。
   A. M03　　　　　　B. M04　　　　　　C. M05　　　　　　D. G04
17. 绝对值坐标系统的指令是（　　）。
   A. G90　　　　　　B. G91　　　　　　C. G92　　　　　　D. G93
18. 数控铣床的默认加工平面是（　　）。
   A. XY 平面　　　　B. XZ 平面　　　　C. YZ 平面
19. 当铣削一整圆外形时，为保证不产生切入、切出的刀痕，刀具切入、切出时应采用（　　）。
   A. 法向切入、切出方式　　　　　　　　B. 切向切入、切出方式
   C. 任意方向切入、切出方式　　　　　　D. 切入、切出时应降低进给速度

三、分析问答题

1. 数控铣床的类型有哪些？其用途如何？
2. 数控铣削的主要加工对象有哪些？其特点是什么？
3. 加工中心加工选择定位基准的要求有哪些？应遵循的原则是什么？
4. 加工中心与数控铣床有什么异同？
5. 数控镗、铣过程中常用哪些刀具？
6. 立式数控铣床和卧式数控铣床分别适合加工什么样的零件？
7. 如图 4-55 所示，假设加工原点要设置在 A 点，简述加工中心的对刀过程。

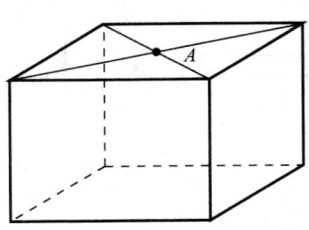

图 4-55　工件的加工

课题5 零件轮廓面的数控铣削加工

5.1 零件图样分析

如图 5-1 所示为轮廓加工类零件,毛坯是上、下面和四周侧面都加工完毕的 48mm × 48mm × 46mm 的方坯,材料为 45 钢,可加工性较好。零件加工表面是由直线、圆弧构成的轮廓平面,加工余量较多且不均匀,零件轮廓尺寸公差值较小,表面粗糙度值要求较小,需要经过粗、精加工才能达到零件的加工要求。

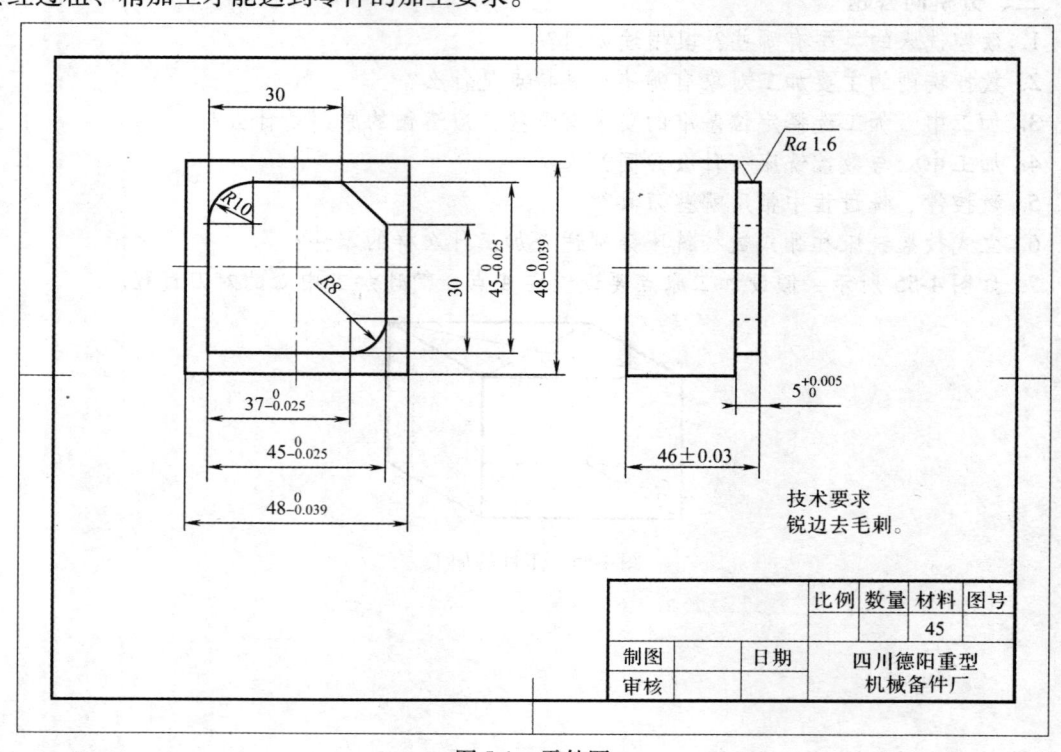

图 5-1 零件图

5.2 铣削加工前的准备

5.2.1 工艺准备

加工该零件需要考虑以下问题。

1. 选择加工机床设备

根据零件图样要求，选用经济型数控铣床或一般加工中心都可以达到要求。选用 KVC650 型立式加工中心，控制系统为 FANUC 0i 数控系统。

2. 确定零件的定位基准和装夹方式

（1）定位基准　因为毛坯质量较高，确定零件毛坯料底面和侧面为定位基准。

（2）装夹方式　采用机用虎钳夹持前、后侧面，下面采用垫铁支撑，一次装夹找正后完成粗、精加工。

3. 确定加工顺序及走刀路线

1）粗加工，采用直径较大的立铣刀加工，在各侧面均匀地留下 0.5mm 的精加工余量，采用顺铣方式。

2）精加工，可以采用直径较小的立铣刀加工，采用顺铣方式。

4. 刀具选择

根据加工要求，选用两把刀具，T01 为直径为 $\phi 15mm$ 的立铣刀，T02 为直径为 $\phi 8mm$ 的立铣刀。加工前，需要将刀具安装好之后，对好刀并将刀偏值输入对应的刀具参数中。

5. 确定切削用量

根据被加工零件的表面质量要求、刀具材料和工件材料，参考切削用量手册或有关资料选取切削速度和每转进给量，然后利用公式 $n = \dfrac{1000 v_c}{\pi D}$ 和 $v_f = fn$ （$f = f_z z$）计算主轴转速（r/min）和进给速度（mm/min）。根据该零件的特点，确定粗加工的主轴转速为 S500，进给速度为 F200；精加工的主轴转速为 S1000，进给速度为 F100。

6. 编制数控加工程序

选用 FANUC 0i 数控系统指令格式，先设定工件原点为工件上表面的对称中心点，计算各基点的坐标，然后编写数控加工程序并检验。

7. 熟悉数控铣床的基本操作

1）能够通过操作面板手动输入加工程序及有关参数并编辑、修改。

2）工件设定及装夹，刀具选用及安装。

3）对刀。

4）程序仿真及自动加工。

8. 对零件的加工过程进行必要的控制和对加工后的零件进行全面检验

分析影响零件加工最终质量的因素，这些因素可能包括走刀轨迹及程序的正确性、对刀方法的正确性和参数的正确设置等，以便在后续的实施过程中重点关注。

5.2.2　相关基础知识准备

1. 自动换刀装置知识

（1）自动换刀装置的作用　为完成对工件的多工序加工而设置的存储及更换刀具的装置称为自动换刀装置（Automatic tool changer, ATC）。自动换刀装置可帮助数控机床节省辅助时间，并满足在一次安装中完成多工序、多工步加工的要求。

（2）加工中心的刀库类型与布局　按照结构形式，加工中心的刀库可分为以下几种类型。

1) 盘形刀库。它们虽然也具有结构紧凑的特点，但选刀和取刀的动作较多，故较少应用，如图 5-2 所示。

2) 链式刀库。这种刀库是在环形链条上装有许多刀座，其结构有较大的灵活性，存放刀具的数量也较多，选刀和取刀动作十分简单。当链条较长时，可以增加支撑链轮的数目，使链条折叠回绕，提高空间的利用率。此刀库中一般刀具数量为 30～120 把，如图 5-3 所示。

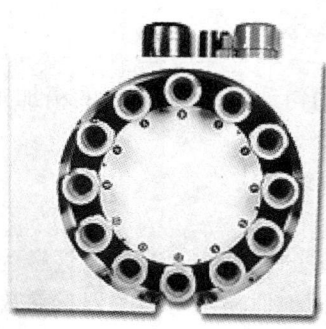
图 5-2　盘形刀库

图 5-3　链式刀库

3) 格子式刀库。这种刀库具有纵横排列十分整齐的很多格子，每个格子中均有一个刀座，可储存一把刀具。这种刀库可单独安置于机床外，由机械手进行选刀及换刀。这种刀库选刀及取刀动作复杂，应用最少。

按设置部位的不同，加工中心类型可分为顶置式、侧置式、悬挂式和落地式等多种类型。按交换刀具还是交换主轴，加工中心可分为普通刀库（简称刀库）式加工中心和主轴箱刀库式加工中心。

（3）加工中心的换刀方法

1) 加工中心刀库使用的选刀方式有以下两种。

①顺序选刀。刀具的顺序选择方式是将刀具按加工工序的顺序，依次放入刀库的每一个刀座内。每次换刀时，刀库按顺序转动一个刀座的位置，并取出所需要的刀具。已经使用过的刀具可以放回原来的刀座内，也可以按顺序放入下一个刀座内。采用这种方式不需要刀具识别装置，而且驱动控制也较简单，可以直接由刀库的分度来实现。因此，刀具的顺序选择方式具有结构简单、工作可靠等优点。但更换不同工件时，必须重新排列刀库中的刀具顺序。刀库中的刀具在不同的工序中不能重复使用，因而必须相应地增加刀具的数量和刀具的容量，这样就降低了刀具和刀库的利用率。此外，装刀时必须十分谨慎，如果刀具不按顺序装在刀库中，将会造成严重事故。

②任意选刀。采用任意选择方式的自动换刀系统中必须有刀具识别装置。这种方式是根据程序指令的要求来选择所需要的刀具，刀具在刀库中不必按照工件的加工顺序排列，可任意存放。每把刀具（或刀座）都编上代码，自动换刀时，刀库旋转，每把刀具（或刀座）都经过"刀具识别装置"识别。当某把刀具的代码与数控指令的代码相符合时，该把刀具被选中，并被送到换刀位置，等待机械手来抓取。

任意选择刀具法的优点是：刀库中刀具的排列顺序与工件的加工顺序无关，相同的刀具可重复使用，因此刀具数量比顺序选择法的刀具可少一些，刀库也相应地小一些。

任选刀具的换刀方式如下：

刀套编码：这种编码方式对刀库中每个刀座都进行编码，刀具也编号，并将刀具放到与其号码相符合的刀座中。换刀时刀库旋转，使各个刀座依次经过识刀器，直至找到规定的刀座，刀库便停止旋转。由于这种编码方式取消了刀柄中的编码环，使刀柄结构大为简化。因此，刀具识别装置的位置不受刀柄尺寸的限制，而且可以放在较适当的位置。另外，在自动换刀过程中必须将用过的刀具放回原来的刀座中，增加了换刀的动作。与顺序选刀的方式相比，刀座编码的突出优点是刀具在加工过程中可以重复使用。

刀具编码：这种方式是采用特殊的刀柄结构进行编码。由于每把刀具都有自己的代码，因此可以存放于刀库的任一刀座中。这样刀库中的刀具在不同的工序中也就可重复使用，用过的刀具也不一定放回原刀座中，这对装刀和选刀都十分有利，刀库的容量也可相应地减小，而且还可避免由于刀具存放在刀库中的顺序差错而造成的事故。

刀具编码和刀套编码都需要在刀具或刀套上安装用于识别的编码条。

刀库选刀方式一般采用就近移动原则，即无论采取哪种选刀方式，在根据程序指令把下一工序要用的刀具移到换刀位置时，都要向距离换刀最近的方向移动，以节省选刀时间。

2）自动换刀装置的形式根据其组成结构可分为以下几种形式。

①回转刀架换刀。

②更换主轴头换刀。

③使用刀库的换刀。它可分为机械手换刀和刀库与主轴相对运动换刀，如图 5-4 和图 5-5 所示。

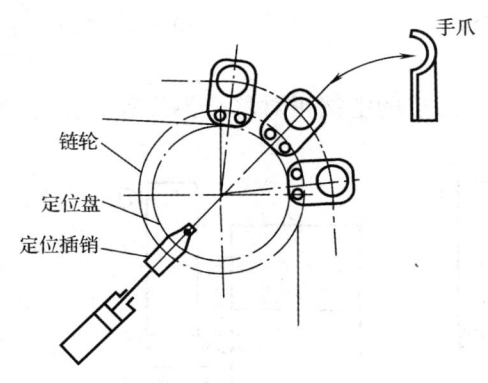

图 5-4 机械手换刀

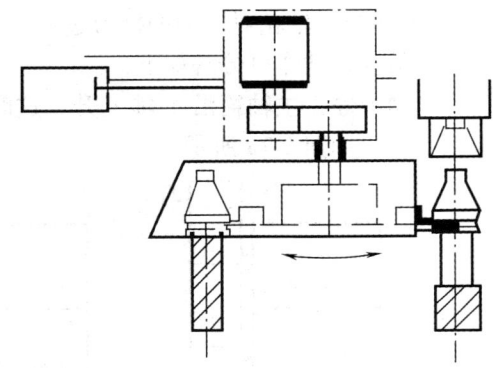

图 5-5 刀库与主轴相对运动换刀

无机械手交换刀具方式的特点：结构简单，成本低，换刀的可靠性较高；刀库因结构所限容量不多。这种换刀系统多为中、小型加工中心采用。

带机械手交换刀具方式的特点：机械手是当主轴上的刀具完成一个工步后，把这一工步的刀具送回刀库，并把下一工步所需要的刀具从刀库中取出来装入主轴继续进行加工的功能部件。

(4) 自动换刀的工作过程

1）机械手换刀的工作过程。通过机械手换刀的立式加工中心（如 XHK716），其换刀动作可分解如下：

①主轴箱回到最高处（Z 坐标零点），同时实现"主轴准停"，即主轴停止回转并准确

停止在一个固定不变的角度方位上，保证主轴端面的键也在一个固定的方位，使刀柄上的键槽能恰好对正端面键。

②机械手抓住主轴上和刀库上的刀具，如图5-6a所示。

③活塞杆推动机械手下行，从主轴和刀库上取出刀具，如图5-6b所示。

④机械手回转180°，交换刀具位置，如图5-6c所示。

⑤将更换后的刀具装入主轴和刀库，如图5-6d所示。

⑥机械手放开主轴和刀库上的刀具后复位，限位开关发出"换刀完毕"的信号，主轴自由，可以开始加工或使其他程序动作。

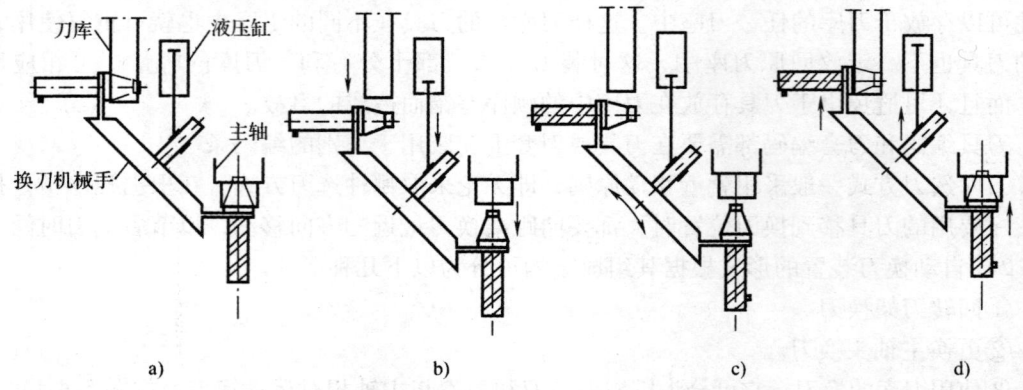

图5-6 机械手换刀的工作过程

2）刀库与主轴相对运动的换刀过程。对XH754型的卧式加工中心，换刀采用的是主轴移动式，其换刀动作可分解如下：

①主轴准停，主轴箱沿Y轴上升，这时刀库上刀位的空挡正对着交换位置，装夹刀具的卡爪打开，如图5-7a所示。

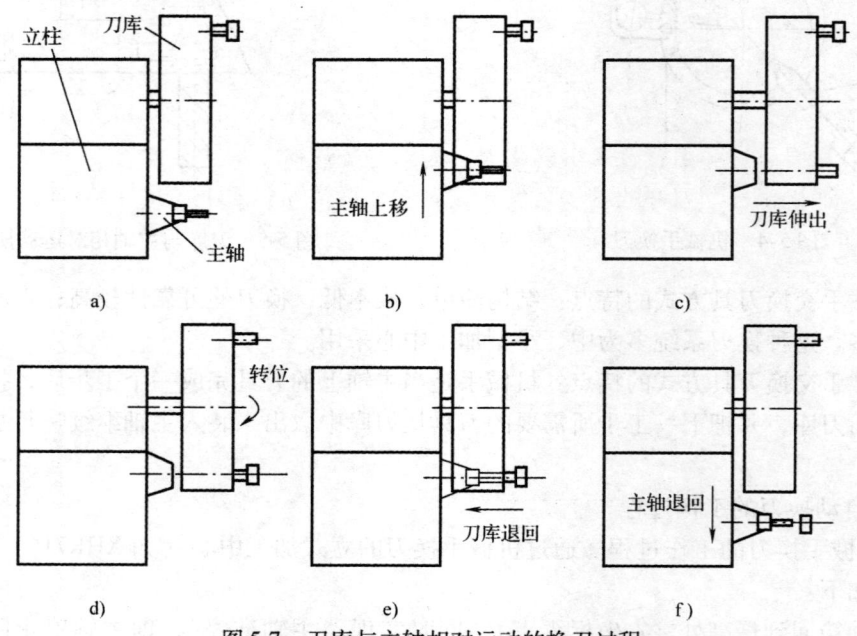

图5-7 刀库与主轴相对运动的换刀过程

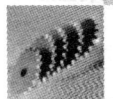

②主轴箱上升到极限位置,被更换的刀具刀杆进入刀库空刀位,即被刀具定位卡爪钳住,与此同时,主轴内的刀杆自动夹紧装置放松刀具,如图 5-7b 所示。

③刀库伸出,从主轴锥孔中将刀拔出,如图 5-7c 所示。

④刀库转位,按照程序指令要求,将选好的刀具转到最下面的位置,同时压缩空气将主轴锥孔吹净,如图 5-7d 所示。

⑤刀库退回,同时将新刀插入主轴锥孔,主轴内的刀具夹紧装置将刀杆拉紧,如图 5-7e 所示。

⑥主轴下降到加工位置并启动,开始下一步的加工,如图 5-7f 所示。

这种换刀机构中不需要机械手,结构比较简单,但刀库旋转换刀时,机床不工作,因而会影响到机床的生产率。

2. 刀具半径补偿

(1) 刀具半径补偿的原理　数控系统的程序控制总是让刀具刀位点行走在程序轨迹上。铣刀的刀位点通常是定在刀具中心上,若编程时直接按图样上的零件轮廓线进行,又不考虑刀具半径补偿,则将是刀具中心(刀位点)的行走轨迹和图样上的零件轮廓轨迹重合,这样由刀具圆周刃口所切削出来的实际轮廓尺寸就必然大于或小于图样上的零件轮廓尺寸一个刀具半径值,因而造成过切或少切现象。

为了确保铣削加工出的轮廓符合要求,就必须在图样要求轮廓的基础上,整个周边向外或向内预先偏离一个刀具半径值,作出一个刀具刀位点的行走轨迹,求出新的节点坐标,然后按这个新的轨迹进行编程,这就是人工预设刀补编程。这种人工预先按所用刀具半径大小求算实际刀具刀位点轨迹的编程方法虽然能够得到要求的轮廓,但很难直接按图样提供的尺寸进行编程,其计算繁琐,计算量大,并且必须预先确定刀具直径的大小。当更换刀具或刀具磨损后又需重新编程,使用起来极不方便。

现在很多数控机床的控制系统自身都提供自动进行刀具半径补偿的功能,只需要直接按零件图样上的轮廓轨迹进行编程,在整个程序中只在少量地方加上几个刀补开始及刀补解除的代码指令,这样无论刀具半径大小如何变换,无论刀位点定在何处,加工时都只需要使用同一个程序或稍作修改,即只需按照实际刀具使用情况将当前刀具半径值输入到刀具偏置寄存器中即可。在加工运行时,控制系统将根据程序中的刀补指令自动进行相应的刀具偏置,确保刀具刃口切削出符合要求的轮廓,如图 5-8 所示。

利用这种机床自动刀补的方法,可大大简化计算及编程工作,并且还可以利用同一个程序、同一把刀具,通过设置不同大小的刀具半径补偿值而逐步减少切削余量的方法来达到粗、精加工的目的,如图 5-9 所示。

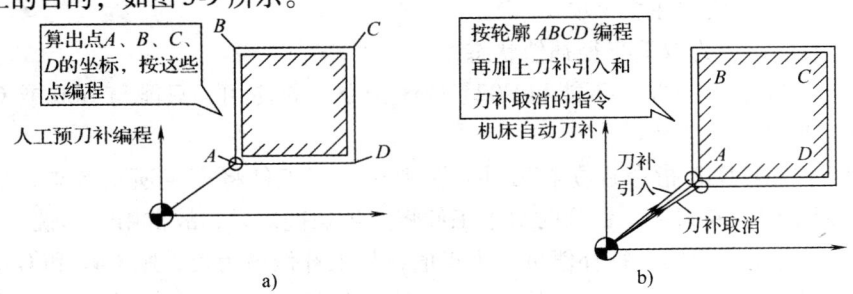

图 5-8　自行进行刀具半径补偿
a) 人工计算坐标点　b) 系统自动补偿

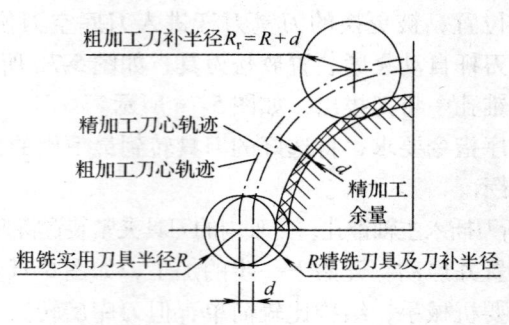

图 5-9 利用修改刀具半径补偿实现零件粗、精加工

FANUC 系统设置有刀具偏置寄存器，专供存放刀具补偿量之用。进行数控编程时，只需调用所需刀具补偿参数（刀具半径、刀具长度）所对应的寄存器编号即可。加工时，CNC 系统将该编号对应的刀具偏置寄存器中存放的刀具半径或刀具长度补偿值取出，对刀具中心轨迹进行补偿计算，生成实际的刀具中心运动轨迹。

（2）刀具半径补偿（G40，G41，G42）指令介绍

刀具半径补偿指令的格式：

G00/G01　G41/G42　X ＿＿　Y ＿＿　D ＿＿；建立刀具半径补偿

…

G00/G01　G40 X ＿＿　Y ＿＿；　　　　　　取消刀具半径补偿

根据 ISO 标准规定，沿着刀具的运动方向看，若刀具位于零件轮廓左边时称为刀具半径左补偿，用 G41 表示；若刀具位于零件轮廓右边时称为刀具半径右补偿，用 G42 表示，如图 5-10 所示。

编程时，使用非零的 D##代码选择正确的刀具偏置寄存器号，其偏置量（即补偿值）的大小通过 CRT/MDI 操作面板在对应的偏置寄存器号中设定，可设定值范围为 0～±999.999mm。当不需要进行刀具半径补偿时，则用 G40 取消刀具半径补偿。

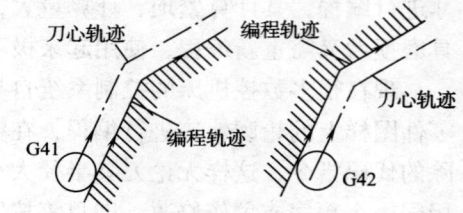

图 5-10 刀具半径补偿的判断

刀具半径补偿在整个程序中的应用共分刀补建立、刀补方式进行中和刀补解除三个过程。刀补建立是一个从无到有的渐变过程，从线性轨迹段的起点处开始，刀具中心渐渐向预定的方向偏移，到达该线性轨迹段的终点处时，刀具中心相对于终点产生刀具半径大小的法向偏移。

使用刀具半径补偿的注意事项。

1）机床通电后，为取消半径补偿状态。

2）G41、G42 和 G40 指令不能和 G02、G03 指令一起使用，只能与 G00 或 G01 指令一起使用，且刀具必须要移动。

3）在程序中用 G42 指令建立右刀补，铣削时对于工件将产生逆铣效果，故常用于粗铣；用 G41 指令建立左刀补，铣削时对于工件将产生顺铣效果，故常用于精铣。

4）一般情况下，刀具半径补偿量应为正值，如果补偿值为负，则 G41 和 G42 正好相互替换。通常在模具加工中利用这一特点，可用同一程序加工同一公称尺寸的内、外两个型面。

5）在建立刀具半径补偿以后，不能出现连续两个程序段无选择补偿坐标平面的移动指令，否则数控系统因无法正确计算程序中刀具轨迹交点的坐标，可能产生过切现象。

6）在补偿状态下，铣刀的直线移动量及铣削内侧圆弧的半径值要大于或等于刀具半径，否则补偿时会产生干涉，系统在执行相应程序段时将会产生报警，停止执行。

7）刀具半径补偿功能为续效代码，在补偿状态时，若加入 G28、G29 和 G92 指令，当这些指令被执行时，补偿状态将暂时被取消，但是控制系统仍记忆着此补偿状态，因此在执行下一程序段时，又自动恢复补偿状态。

8）若程序中建立了刀具半径补偿，在加工完成后必须用 G40 指令将补偿状态取消，使铣刀的中心点回到实际的坐标点上。亦即执行 G40 指令时，系统会将向左或向右的补偿值向相反的方向释放，这时铣刀会移动一个铣刀半径值。所以使用 G40 指令时，最好是铣刀已远离工件。

（3）刀具半径补偿举例（见图 5-11）

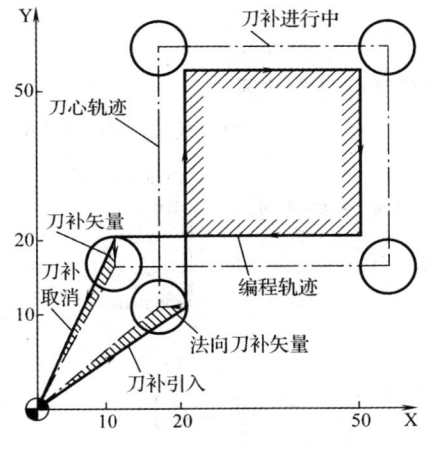

图 5-11　编程举例

参考程序编写如下：
O0002；
G54　G90　G17；
M03　S1000；
G00　G41　X20.0　Y10.0　D01；
G01　Y50.0　F100；
X50.0；
Y20.0；
X10.0；
G00　G40　X0　Y0；
M30；

3. 子程序 M98、M99

在程序中含有某些固定顺序或重复出现的区域时，这些顺序或区域可以作为子程序存入存储器内，反复调用以简化程序。

子程序编程是计算机程序设计中的基本功能，现代 CNC 系统一般都提供调用子程序功能。但子程序调用不是数控系统的标准功能，不同的数控系统所用的指令和格式不同。

（1）指令　M98　（调用子程序）
　　　　　　M99　（子程序结束）

（2）调用子程序格式

M98　P××××　××××；

子程序格式：

O××××；（子程序号）

…

M99；

说明：

1）P 后的前 4 位数为子程序被重复调用的次数，当不指定重复次数时，子程序只调用一次。后 4 位数为子程序号。

2）M99 为子程序结束。

3）M98 程序段中，不得有其他指令出现。

4）子程序还可以调用子程序，称为子程序嵌套，如图 5-12 所示。

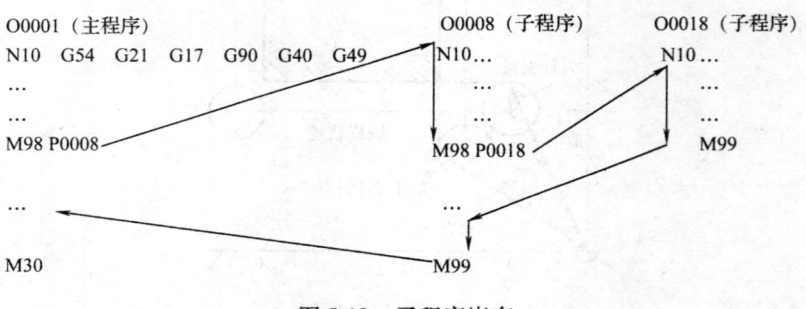

图 5-12　子程序嵌套

5.3　铣削方案实施

5.3.1　加工方式的确定

对于零件的轮廓加工，一般存在以下两种情况。

1）采用粗、精铣两刀完成轮廓加工，深度方向一次进刀完成。

2）采用粗、精铣两刀完成轮廓加工，深度方向分层铣削，分多次完成。

轮廓加工粗、精铣可以通过修改刀具补偿的办法实现，不管粗、精铣轮廓还是分层铣削，编程时都采用零件本身尺寸，为了不使程序较长，可以采用子程序格式，也便于调试零件的加工程序。

5.3.2　走刀路线的确定

编写零件加工程序，必须先确定走刀路线，计算出编程需要的坐标。该零件的粗加工走刀路线如图 5-13 所示,从 S 点出发,粗加工采用 φ15mm 的立铣刀,精加工轮廓采用 φ8mm 的立铣刀,精铣余量为 0.5mm。

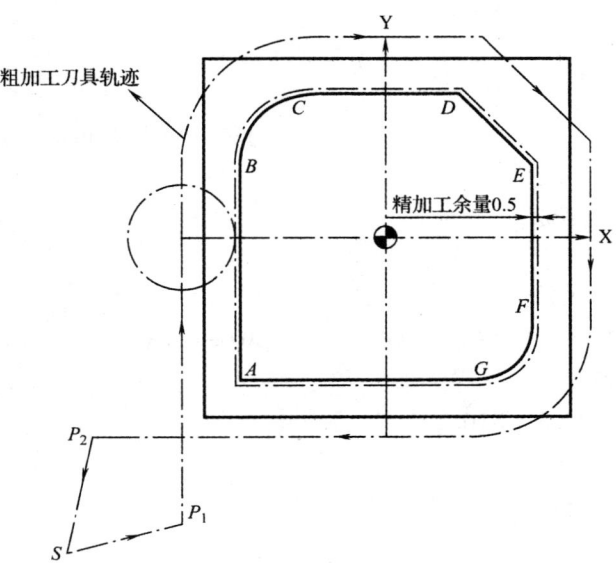

图 5-13 走刀路线

5.3.3 编制程序

根据走刀路线,确定出各点坐标如下:

A(-22.5,-22.5),B(-22.5,12.5),C(-12.5,22.5),D(7.5,22.5),E(22.5,7.5),F(22.5,-14.5),G(14.5,-22.5)。

其加工参考程序如下:

```
O0005;
G54  G21  G90  G49  G40;
G28  Z0;
T1   M6;                         刀具直径为 φ15mm
S800  M03;
G43  G00  Z20.  H01;
G00  Z-5.;
G00  X-60.  Y-60.;
G41  G00  X-22.5  Y-35.  D01;    D01 = 8mm
G01  Y12.5  F100.;
G02  X-12.5  Y22.5  R10.;
G01  X7.5;
G01  X22.5  Y7.5;
G01  Y-14.5;
```

```
G02  X14.5   Y-22.5   R8.;
G01  X-35.;
G40  G00   X-60.   Y-60.;
G49  G28   Z0;
M05;
T2   M06;                        刀具直径为 φ8mm
S1200   M03;
G43  G00   Z20.   H02;
G00  Z-5.;
G00  X-60.   Y-60.;
G41  G00   X-22.5   Y-35.   D02;     D02=4mm
G01  Y12.5   F60.;
G02  X-12.5   Y22.5   R10.;
G01  X7.5;
G01  X22.5   Y7.5;
G01  Y-14.5;
G02  X14.5   Y-22.5   R8.;
G01  X-35.;
G40  G00   X-60.   Y-60.;
G49  G00   Z0;
M30;
```

注：在将程序仿真时，需要在尺寸后面加"."，即 X50 需要写成 X50. 或 X50.0。

5.3.4 零件加工仿真

1. 开机、回参考点及选择机床

选择北京第一机床厂的 XKA714/B 数控立式加工中心，系统为 FANUC 0i 系统，如图 5-14 所示。

2. 程序输入

在操作面板上按下 ◇ 编辑键，然后再按面板上的 PROG 键，进入程序编辑界面，直接用 FANUC 0i 系统的 MDI 键盘输入。

采用通过记事本或写字板等编辑软件输入程序并保存为文本格式，按照下面的方法调入程序。

单击操作面板上的编辑键 ◇，编辑状态指示灯 ◇ 变亮，此时已进入编辑状态。单击 MDI 键盘上的 PROG 按钮，由 CRT 界面转入编辑页面。再按菜单软键[操作]，在出现的下级子菜单中按软键 ▶，按菜单软键[READ]，单击 MDI 键盘上的数字/字母键，输入"O0005"，按软键[EXEC]；单击菜单"机床/DNC 传送"，在弹出的对话框中选择所需的 NC 程序，按"打开"按钮，则数控程序被导入并显示在 CRT 界面上，如图 5-15 所示。

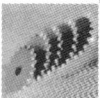

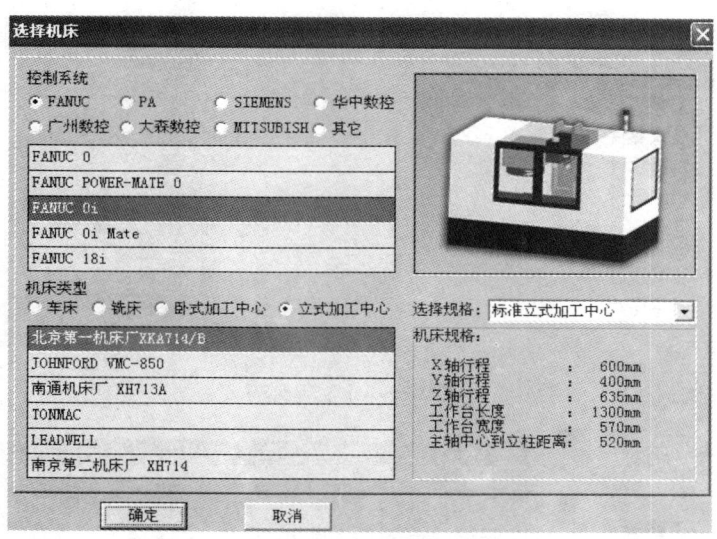

图 5-14　选择机床

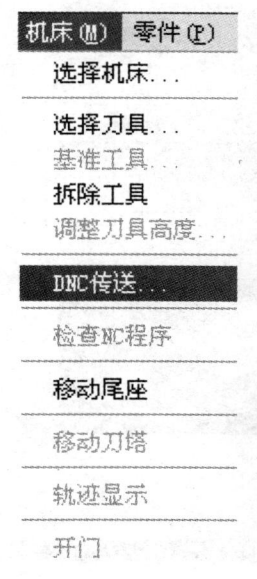
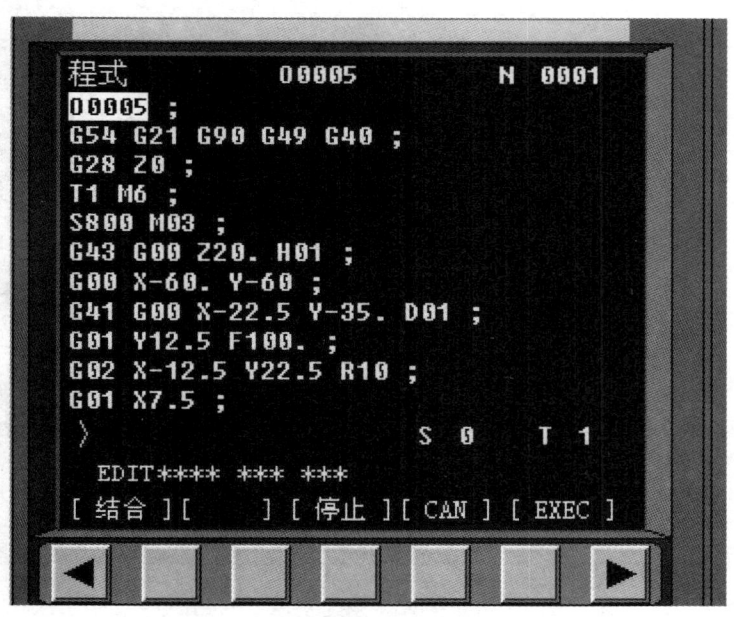

图 5-15　程序调入

3. 定义毛坯及装夹

参见前面的定义毛坯及装夹方法，如图 5-16、图 5-17 和图 5-18 所示。

4. 刀具的选择及安装

立式加工中心装刀有两种方法，一是选择菜单"机床/选择刀具"，在"选择铣刀"对话框内将刀具添加到主轴，如图 5-19 所示；二是用 MDI 指令方式将刀架上的刀具放置在主轴上。

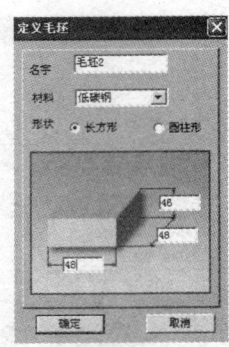

图 5-16　定义毛坯

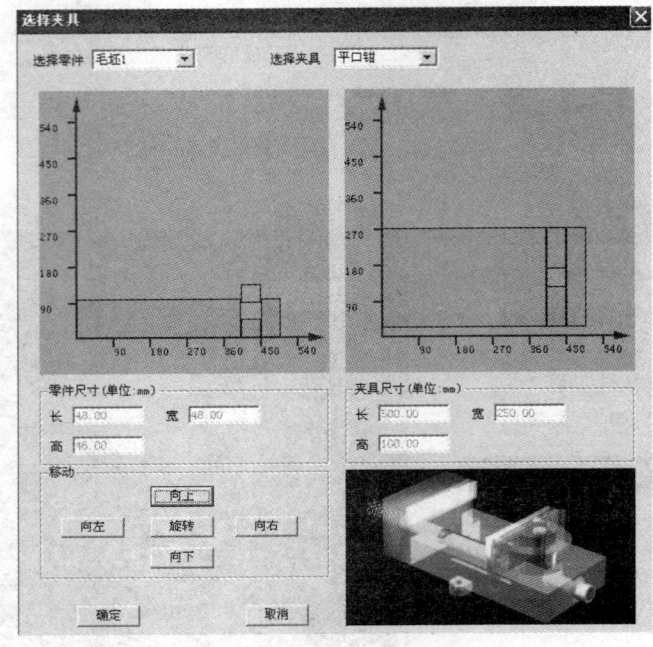

图 5-17　安装夹具

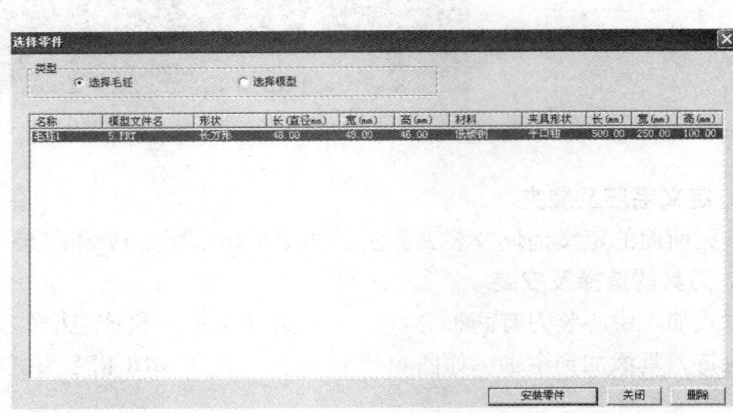

图 5-18　放置零件

图 5-19 刀具的选择及安装

将操作面板上的模式旋钮置于 MDI 挡,进入 MDI 编辑模式。按 PRGRM 键,使 CRT 界面显示 MDI 编辑界面,单击 MDI 键盘上的数字/字母键,输入"G28 Z0",告知机床通过某点回换刀点。此时单击 [I] 按钮,机床运行到换刀点。单击 MDI 键盘,输入" M06 T×",刀架旋转后将指定刀位的刀具装好。装好后的刀具如图 5-20 所示。

5. 对刀

本例采用刚性靠棒检查塞尺松紧的方式对刀,如图 5-21 所示。

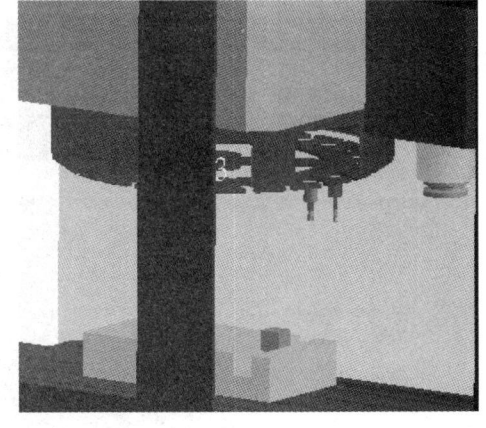

图 5-20 装好后的刀具

(1) X 轴方向对刀 单击操作面板中的"手动"按钮 ,手动状态指示灯 亮,进入"手动"方式。适当单击 +X 、 +Y 、 +Z 、 -X 、 -Y 和 -Z 按钮,将机床移动到适当的位置。可以采用手轮调节方式移动机床,单击菜单"塞尺检查/1mm",基准工具和零件之间被插入塞尺。紧贴零件的红色物件为塞尺。单击操作面板上的"手动脉冲"按钮 ,使手动脉冲指示灯 变亮,采用手动脉冲方式精确移动机床,单击 显示手轮 ,将手轮对应轴旋钮 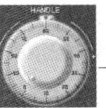 置于 X 挡,调节手轮进给速度旋钮 ,在手轮 上单击鼠标左键或右键精确移动靠棒,使得提示信息对话框显示"塞尺检查的结果:合适",如图 5-22 所

示。记下塞尺检查结果为"合适"时 CRT 界面中的 X 坐标值。

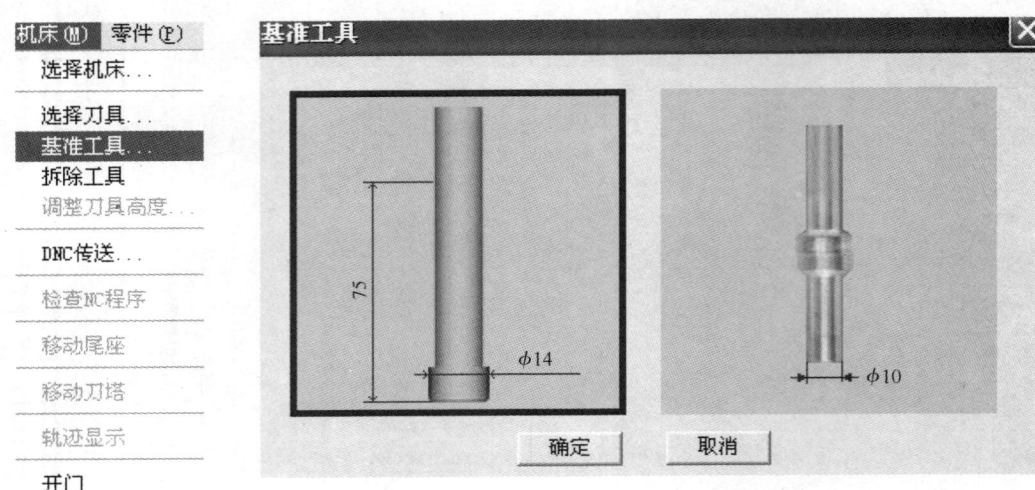

图 5-21 对刀

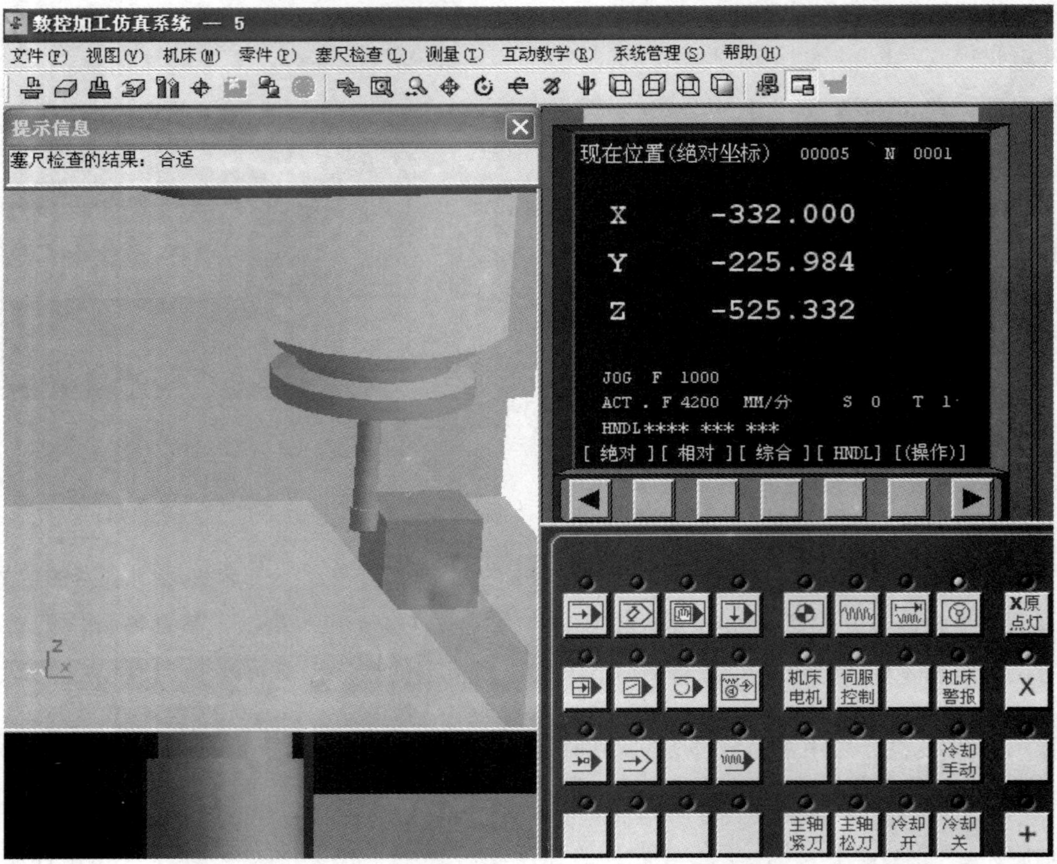

图 5-22 X 向对刀

在图 5-23 所示的情况下，毛坯上表面中间为工件原点：G54 中的 X = -332 + 7 + 1（塞尺宽度）+ 24 = -300，然后进入 OFFSET SETTING 界面，在 G54 的 X 中输入：-300.，如图 5-23 所示。

（2）Y 方向对刀　采用同样的方法，得到工件中心的 Y 坐标，记为 Y。

完成 X、Y 方向对刀后，单击菜单"塞尺检查/收回塞尺"将塞尺收回，单击"手动"按钮，手动指示灯亮，机床转入手动操作状态，单击 +Z 按钮，将 Z 轴提起，再单击菜单"机床/拆除工具"，拆除基准工具。

（3）塞尺法 Z 轴对刀　铣床 Z 轴对

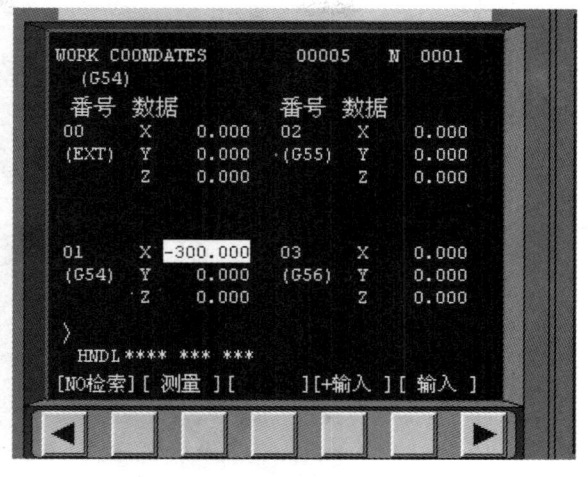

图 5-23　X 坐标设置

刀时采用实际加工时所要使用的刀具，选择所需刀具，装好刀具后，单击操作面板中的"手动"按钮，利用操作面板上的 +X、+Y、+Z、-X、-Y 和 -Z 按钮将机床移到适当的位置。用类似在 X、Y 方向对刀的方法进行塞尺检查，得到"塞尺检查：合适"时 Z 的坐标值，记为 Z-502，则坐标值 Z1 减去塞尺厚度后的数值为 Z 坐标，将 -503. 输入 01 号刀具长度补偿，同时可以输入半径补偿 7.5，如图 5-24 所示。

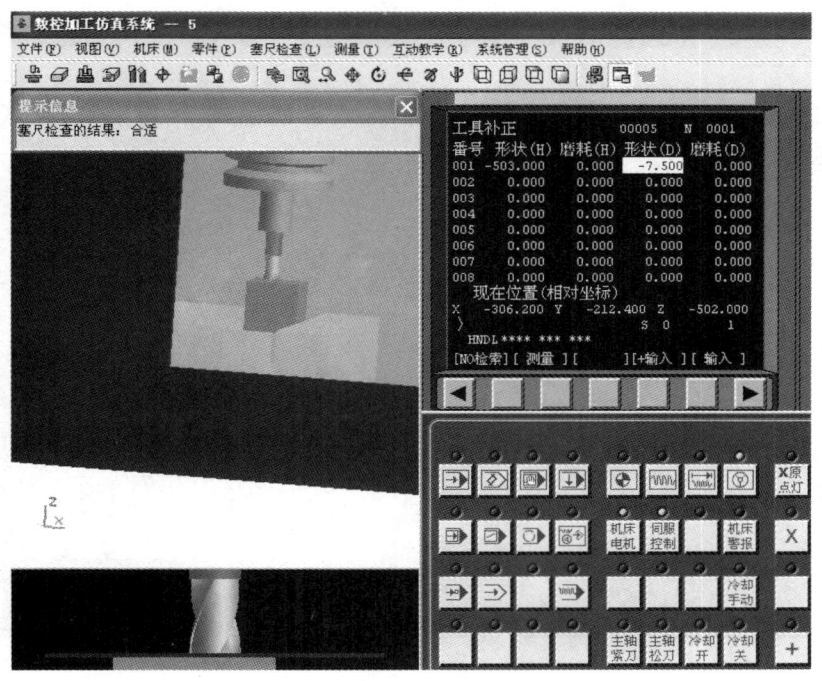

图 5-24　Z 向对刀及设置

用同样的方法完成 2 号刀具方向的 Z 向对刀，同时可以输入半径补偿 4。最终设置情况如图 5-25 所示。

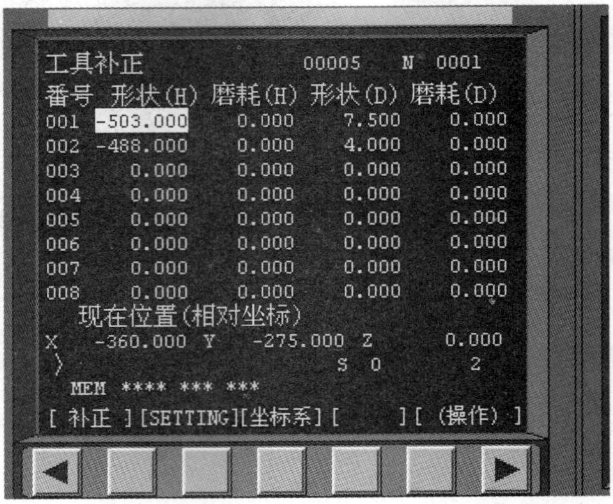

图 5-25 Z 刀具参数设置

6. 自动加工

单击操作面板上的"自动运行"按钮，使其指示灯变亮。单击操作面板上的"循环启动"按钮，程序开始执行。执行加工的过程如图 5-26 所示。

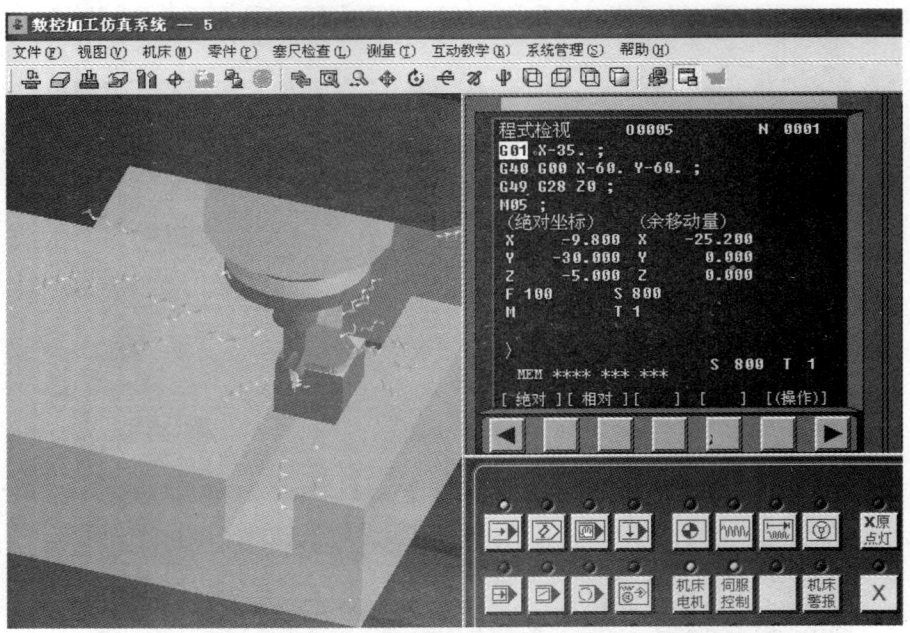

图 5-26 自动加工过程

最终的零件加工结果如图 5-27 所示。

图 5-27　零件加工结果

5.4　零件检查与评估

5.4.1　检测项目

1）检查走刀轨迹的正确性。
2）检查最终的零件形状是否正确。
3）检查操作过程是否规范。
4）检查零件的尺寸是否合格。

5.4.2　检测方法

选择"测量"菜单，然后选择下拉菜单中的"剖面图测量"，分别对相应的尺寸进行检测。注意选择测量平面及调整高度，测量该保证的尺寸，如图 5-28 所示。

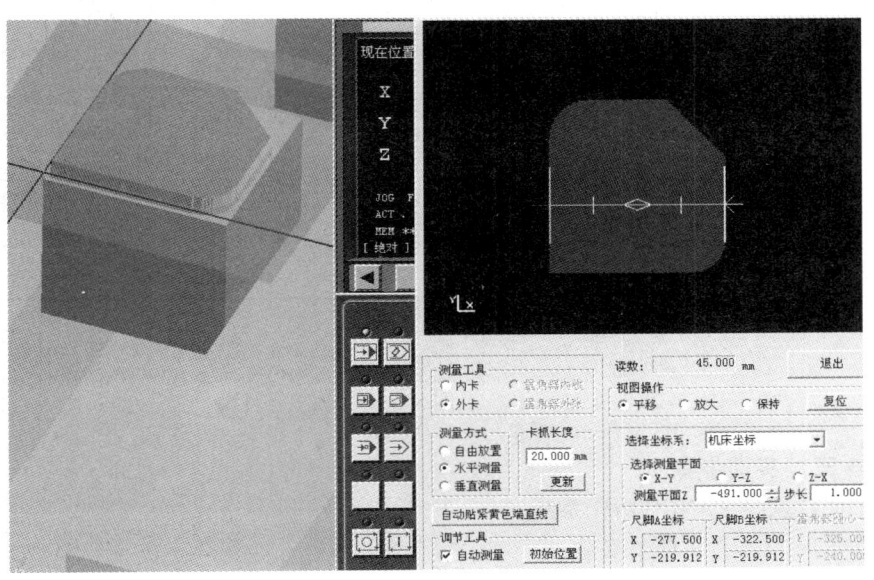

图 5-28　尺寸检查

5.4.3 评估总结

1) 根据检测结果,总结产生零件尺寸偏差的原因,找出优化刀具轨迹和控制零件尺寸的方法。
2) 对整个学习情境的执行过程与结果给一个综合的评价。

实训五 零件轮廓面的数控铣削加工仿真实训

一、实训目的

1) 继续熟悉 FANUC 0iM 系统的面板
2) 进一步熟悉开机、对刀、程序编辑调试以及机床操作等基本操作。
3) 能正确仿真加工平面和内、外轮廓的综合零件。

二、实训内容

完成如图 5-29 所示零件的数控铣削加工仿真。

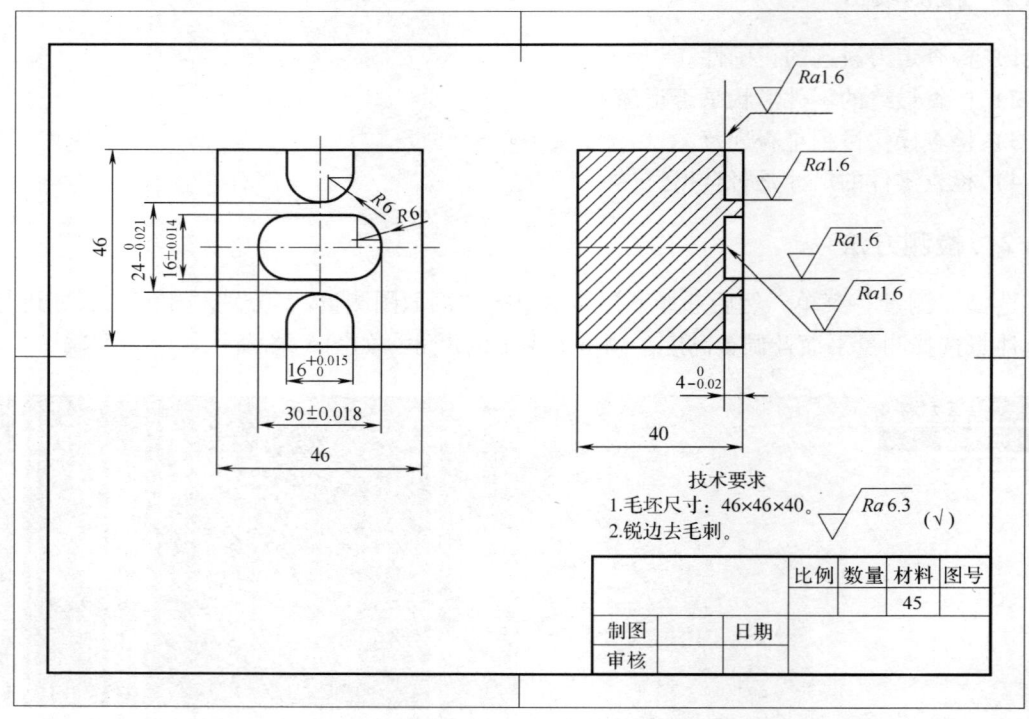

图 5-29 实训五零件图

三、实训步骤

1) 选择 FANUC 0iM 系统。
2) 刀具的选择及安装。
3) 定义毛坯及装夹。

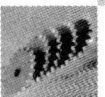

4）回零操作。
5）对刀操作。
6）程序输入。
7）自动加工。
8）测量。

四、实训报告

完成实训报告，见表5-1。

表 5-1 实训报告五

学　号		姓　名		实 训 时 间	
实训设备					

加工验证正确的平面轮廓铣削程序

备注：

本课题小结

本课题主要围绕零件轮廓面的数控铣削加工进行介绍，重点介绍了在数控铣床上进行轮廓面加工的加工思路以及走刀路线形式和特点；还介绍了数控铣削加工编程中的刀具补偿问题，对刀具长度补偿和刀具半径补偿的应用和特点进行了详细的分析讲解，对轮廓加工的切入、切出点，切入、切出路线，刀具补偿的建立、执行和撤销过程进行了剖析，并利用软件对编制的轮廓面的数控铣削程序进行仿真。

本课题的难点是数控铣削加工中刀具补偿形式的理解、刀具补偿方法的应用、加工过程中刀具补偿参数的设定，以及如何根据加工结果正确合理地修改刀具补偿值；零件轮廓面的数控铣削加工粗、精加工的走刀路线以及相关基点计算，顺逆铣的选择，刀具补偿指令G43、G44、G49、G41、G42、G40等的格式和正确使用；仿真软件的基本操作。

通过本课题的学习，应该了解数控铣削加工中刀具补偿的意义和方法，数控铣削轮廓面的基本思路等；掌握数控铣削加工中如何根据具体情况正确建立刀具长度补偿和半径补偿，如何根据对刀设置刀具补偿，如何根据不同的工件建立合理的工件坐标系，掌握数控铣削轮廓面的走刀路线，掌握数控铣削仿真软件的基本操作；会编制零件轮廓面的数控铣削加工程序并正确调试、检验、加工，能解决数控铣削加工中的常见问题。

【练习题】

一、判断题（正确的在括号里画√，错误的画×）

1. G01 的进给速率，除用 F 值指定外，亦可在操作面板上通过调整旋钮变换。（ ）
2. 执行程序"G92 X200.0 Y200.0；G91 G00 X200.0 Y200.0；"为快速定位至绝对坐标 X200.0 Y200.0。（ ）
3. 程序"G92 X200.0 Y100.0 Z50.0；"其位移量为 X200.0 Y100.0 Z50.0。（ ）
4. 一般 CNC 铣床在正常使用时，开机后的第一个步骤是各轴先行复归机械原点。（ ）
5. 更换 CNC 铣床主轴润滑系统用油时，为求方便，可不必依照原厂指示更换。（ ）
6. 在铣床上铰孔不能纠正孔的位置精度。（ ）
7. 为了保证形状精度，在立式铣床上镗孔前，应找正铣床主轴轴线与工作台面的垂直度。（ ）
8. 为了保证铣床轴的传动精度，支持轴承的径向和轴向间隙调整得越小越好。（ ）
9. 机械原点指机床上的固定位置，并有零点减速开关。（ ）
10. 在数控机床中，Z 轴应该是平行于机床主轴的坐标轴。（ ）
11. 采用立铣刀加工内轮廓时，铣刀直径应小于或等于工件内轮廓最小曲率半径的两倍。（ ）
12. 在轮廓加工中，主轴的径向和轴向跳动公差不影响工件的轮廓精度。（ ）
13. 所有数控机床自动加工时，必须用 M06 指令才能实现换刀动作。（ ）
14. 加工中心自动换刀需要主轴准停控制。（ ）
15. 刀具半径补偿值不一定等于刀具半径值。（ ）

二、选择题（将正确的答案填在括号里）

1. 在切削加工时，切削热主要是通过（　　）传导出去的。
   A. 切屑　　　　B. 工件　　　　C. 刀具　　　　D. 周围介质

2. 沿刀具前进方向观察，刀具偏在工件轮廓的左边是（　　）指令，刀具偏在工件轮廓的右边是（　　）指令，刀具中心轨迹和编程轨迹重合是（　　）指令。
   A. G40　　　　B. G41　　　　C. G42

3. 刀具长度正补偿是（　　）指令，负补偿是（　　）指令，取消补偿是（　　）指令。
   A. G43　　　　B. G44　　　　C. G49

4. 铣刀直径为 50mm，铣削铸铁时其切削速度为 20m/min，则其主轴转速为（　　）。
   A. 60r/min　　B. 120r/min　　C. 240r/min　　D. 480r/min

5. 精铣平面时，宜选用的加工条件为（　　）。
   A. 较大的切削速度与较大的进给速度　　B. 较大的切削速度与较小的进给速度
   C. 较小的切削速度与较大的进给速度　　D. 较小的切削速度与较小的进给速度

6. 在铣削铸铁等脆性金属时，一般（　　）。
   A. 加以冷却为主的切削液　　B. 加以润滑为主的切削液　　C. 不加切削液

7. 在数控铣床上铣一个正方形零件（外轮廓），如果使用的铣刀直径比原来小 1mm，则计算加工后的正方形尺寸差（　　）。
   A. 小 1mm　　B. 小 0.5mm　　C. 大 1mm　　D. 大 0.5mm

8. 进行轮廓铣削时，应避免（　　）和（　　）工件轮廓。
   A. 切向切入　　B. 法向切入　　C. 法向退出　　D. 切向退出

9. 用数控铣床铣削凹模型腔时，粗、精铣的余量可用改变铣刀直径设置值的方法来控制，半精铣时，铣刀直径设置值应（　　）铣刀实际直径值。
   A. 小于　　　　B. 等于　　　　C. 大于

10. 铣削凹模型腔平面封闭内轮廓时，刀具只能沿轮廓曲线的法向切入或切出，但刀具的切入切出点应选在（　　）。
    A. 圆弧位置　　B. 直线位置　　C. 两几何元素交点位置

11. 选择刀具起刀点时应考虑（　　）。
    A. 防止与工件或夹具干涉碰撞　　B. 方便工件安装与测量
    C. 每把刀具刀尖在起始点重合　　D. 必须选择工件外侧

12. 若 X 轴与 Y 轴的快速移动速度均设定为 3000 mm/min，若一指令 G91 G00 X50.0 Y10.0，则其路径为（　　）。
    A. 先沿垂直方向，再沿水平方向　　B. 先沿水平方向，再沿垂直方向
    C. 先沿 45°方向，再沿垂直方向　　D. 先沿 45°方向，再沿水平方向

13. G90 G28 X10.0 Y20.0 Z30.0；中，X10.0、Y20.0、Z30.0 表示（　　）。
    A. 刀具经过之中间点坐标值　　B. 刀具移动距离
    C. 刀具在各轴之移动分量　　　D. 机械坐标值

14. 在数控加工中，刀具补偿功能除对刀具半径进行补偿外，在用同一把刀进行粗、精加工时，还可进行加工余量的补偿。设刀具半径为 r，精加工时半径方向的余量为 Δ，则最后一次粗加工走刀的半径补偿量为（　　）。

A. r B. Δ C. $r+\Delta$ D. $2r+\Delta$

15. 下面辅助指令不能做程序结束指令的是（ ）。
 A. M02   B. M99   C. M06   D. M30

三、分析问答题

1. 确定铣刀进给路线时，应考虑哪些问题？
2. 在数控机床上按工序集中原则组织加工有何优点？
3. 简述刀具半径补偿 G41/G42 的判断方法。补偿值必须为刀具半径大小吗？为什么？
4. 质量要求高的零件在加工中心上加工时，为什么应尽量将粗、精加工分两阶段进行？
5. 顺铣和逆铣的概念是什么？顺铣和逆铣对加工质量有什么影响？如何在加工中实现顺铣或逆铣？
6. 在确定切入、切出路径时，应当考虑什么问题？怎样避免发生过切？

附　录

附录 A　FANUC 0-TD 系统编程常用 G 代码命令

G 代码	组别	功　能	G 代码	组别	功　能
★G00	01	快速/点定位	G70	00	精加工循环
G01		直线插补（进给速度）	G71		内、外径粗切循环
G02		圆弧/螺旋线插补（顺圆）	G72		台阶粗切循环
G03		圆弧/螺旋线插补（逆圆）	G73		成形重复循环
G04	00	暂停	G74		Z 向步进钻削
G09		停于精确的位置	G75		X 向切槽
G20	06	英制输入	G76		车螺纹循环
★G21		米制输入	★G80	10	取消固定循环
G22	04	内部行程限位有效	G83		钻孔循环
G23		内部行程限位无效	G84		攻螺纹循环
G27	00	检查参考点返回	G85		正面镗孔循环
G28		返回参考点	G87		侧面钻孔循环
G29		从参考点返回	G88		侧面攻螺纹循环
G30		返回第 2、3、4 参考点	G89		侧面镗孔循环
G32	01	车螺纹	G90	01	（内、外直径）切削循环
★G40	07	刀具半径补偿取消	G92		车螺纹循环
G41		左侧刀具半径补偿	G94		（台阶）切削循环
G42		右侧刀具半径补偿	G96	12	恒线速度控制
G50	00	修改工件坐标；设置主轴最大的转速	★G97		恒线速度控制取消
G52		局部坐标系设定	G98	05	每分钟进给率
G53		选择机床坐标系	★G99		每转进给率

附录 B　FANUC 0i Mate – MC 数控系统铣削编程常用 G 代码及功能

G 代码	组别	功能	G 代码	组别	功能
★G00	01	快速/点定位	★G54	14	选择第 1 工件坐标系
G01		直线插补（进给速度）	G55		选择第 2 工件坐标系
G02		圆弧/螺旋线插补（顺圆）	G56		选择第 3 工件坐标系
G03		圆弧/螺旋线插补（逆圆）	G57		选择第 4 工件坐标系
G04	00	暂停	G58		选择第 5 工件坐标系
★G15	17	极坐标指令取消	G59		选择第 6 工件坐标系
G16		极坐标指令	G61	15	准确停止方式
★G17	02	选择 XY 平面	★G64		切削方式
G18		选择 XZ 平面	G65	00	宏程序调用
G19		选择 YZ 平面	G66	12	宏程序模态调用
G20	06	英制尺寸输入	★G67		宏程序模态调用取消
G21		米制尺寸输入	G68	16	坐标旋转
G28	00	返回参考点	★G69		坐标旋转取消
G29		从参考点返回	G73	09	深孔钻削循环
G30		返回第 2、3、4 参考点	G76		精镗循环
G31		跳转功能	★G80		固定循环取消
★G40	07	刀具半径补偿取消	G81		钻孔循环、锪镗循环
G41		左侧刀具半径补偿	G82		钻孔循环或反镗循环
G42		右侧刀具半径补偿	G83		排屑钻孔循环
G43	08	正向刀具长度补偿	G84		攻螺纹循环
G44		负向刀具长度补偿	G85		镗孔循环
★G49		刀具长度补偿取消	★G90	03	绝对值编程
★G50	11	比例缩放取消	G91		增量值编程
G51		比例缩放有效	G92	00	设定工件坐标系
★G50.1	22	可编程镜像取消	★G94	05	每分钟进给
G51.1		可编程镜像有效	G95		每转进给
G52	00	局部坐标系设定	★G98	10	在固定循环中，Z 轴返回到起始点
G53		选择机床坐标系	G99		在固定循环中，Z 轴返回 R 平面

附录 C FANUC 0i 系统常用 M 代码及功能

代码	意义	格式
M00	停止程序运行	
M01	选择性停止	
M02	结束程序运行	
M03	主轴正转	
M04	主轴反转	
M05	主轴停转	
M06	换刀指令	M06 T - - ;
M08	切削液开启	
M09	切削液关闭	
M30	结束程序运行且返回程序开头	
M18	主轴定向解除	
M19	主轴定向	
M29	刚性攻螺纹	
M98	子程序调用	M98 Pxxnnnn；调用程序号为 Onnnn 的程序 xx 次
M99	子程序结束	子程序格式：Onnnn； … M99；

参考文献

[1] 李宏胜. 机床数控技术及应用 [M]. 北京：高等教育出版社，2001.
[2] 韩洪涛. 机械加工设备及工装 [M]. 北京：高等教育出版社，2004.
[3] 赵长旭. 数控加工工艺 [M]. 西安：西安电子科技大学出版社，2006.
[4] 陈洪涛. 数控加工工艺与编程 [M]. 北京：高等教育出版社，2003.
[5] 龚仲华. 数控技术 [M]. 北京：机械工业出版社，2007.
[6] 周湛学，刘玉忠. 数控电火花加工 [M]. 北京：化学工业出版社，2007.
[7] 彼得·斯密德. 数控编程手册 [M]. 罗学科，等译. 北京：化学工业出版社，2005.
[8] 张学仁，罗晶，韩秀琴. 数控电火花线切割加工 [M]. 哈尔滨：哈尔滨工业大学出版社，2005.
[9] 孙德茂. 数控车削加工直接编程技术 [M]. 北京：机械工业出版社，2005.
[10] 刘晋春，赵家齐，赵万生. 特种加工 [M]. 哈尔滨：哈尔滨工业大学出版社，2004.
[11] 卢万强. 数控加工技术 [M]. 北京：北京理工大学出版社，2008.
[12] 张兆隆. 数控加工工艺与编程 [M]. 北京：机械工业出版社，2008.
[13] 解海滨. 数控加工技术实训 [M]. 北京：机械工业出版社，2008.